中老年人学电脑

从新手到高手 （第2版）

前沿文化/编著

科学出版社

北京

内 容 简 介

本书针对初学者的需求，内容上全面详细，讲解了电脑基础操作、电脑打字、电脑上网、电脑维护的知识与技巧；讲解上图文并茂，重视实践操作能力的培养，在图片上清晰地标注出了要进行操作的位置与操作内容，并且重点、难点操作均配有视频教程，以求读者能高效、完整地掌握本书内容。

全书共分为 13 章，包括电脑入门基础，Windows 7 系统的操作，电脑拼音打字与五笔打字方法，正确管理电脑中的文件资源，账户管理和家长控制， Windows 7 系统工具的使用，常用工具软件的使用，Word 文档编辑软件的使用，Excel 表格编辑与数据处理软件的使用，网上搜索与下载资源，与亲朋好友在网上通信交流，网上娱乐与网络生活，电脑安全维护与系统优化等内容。

本书既适合需要使用电脑的中老年朋友学习使用，同时也可以作为中老年电脑培训班的培训教材或学习辅导书。

图书在版编目（CIP）数据

中老年人学电脑从新手到高手 / 前沿文化编著. —2
版. —北京：科学出版社，2014.8
　　ISBN 978-7-03-040965-2

Ⅰ．①中… Ⅱ．①前… Ⅲ．①电子计算机—中老年读
物 Ⅳ．①TP3-49

中国版本图书馆 CIP 数据核字（2014）第 121859 号

责任编辑：徐晓娟　　　 / 责任校对：高宝云
责任印刷：华　程　　　 / 封面设计：张世杰

科 学 出 版 社 出版
北京东黄城根北街 16 号
邮政编码：100717
http://www.sciencep.com
北京天颖印刷有限公司印刷
中国科技出版传媒股份有限公司新世纪书局发行　　各地新华书店经销

*

2014 年 8 月 第 一 版　　　开本：787×1092 1/16
2014 年 8 月第一次印刷　　　印张：20
字数：486 000

定价：48.00 元（含 1CD 价格）
（如有印装质量问题，我社负责调换）

PREFACE 前言

当今社会，中老年朋友接触电脑的机会越来越多，了解电脑知识并掌握其应用能为生活增加不少乐趣，也省去不少麻烦事。中老年朋友也许会对代表高科技的电脑有一种畏惧感和陌生感。为了帮助中老年朋友消除这种心理，并在较短的时间内轻松掌握电脑的基本操作和相关知识，我们策划并编写了本书。

《中老年人学电脑从新手到高手（第1版）》自2011年6月上市以来，受到广大读者的认可与好评。《中老年人学电脑从新手到高手（第2版）》是在第1版产品的基础上进行精心升级修订后推出的产品。

本书没有深奥难懂的理论，只有实用的操作和丰富的图示说明，使中老年朋友在学习时可以快速上手。在这种编写思路下，全书采用图片配合文字说明的方式对知识点进行讲解，步骤清晰、完备，保证中老年朋友轻松、顺利地掌握本书内容。在介绍操作方法时，本书尽量选用最切合实际生活的案例，以便中老年朋友能应用于实践。

全书共分为13章，包括电脑入门基础，Windows 7系统的操作，电脑拼音打字与五笔打字方法，正确管理电脑中的文件资源，账户管理和家长控制，Windows 7系统工具的使用，常用工具软件的使用，Word文档编辑软件的使用，Excel表格编辑与数据处理软件的使用，网上搜索与下载资源，与亲朋好友在网上通信交流，网上娱乐与网络生活，电脑安全维护与系统优化等内容。

本书配1张多媒体视频教程CD光盘，包含了全书中的相关技能与实例制作的视频教学录像，播放时间约150分钟。中老年朋友书盘结合学习，效果立竿见影。

本书由前沿文化与中国科技出版传媒股份有限公司新世纪书局联合策划。参与本书编创的人员都具有丰富的实战经验和一线教学经验，在此向所有参与本书编创的人员表示感谢。

最后，真诚感谢中老年朋友购买本书。您的支持是我们最大的动力。我们将不断努力，为您奉献更多、更优秀的计算机图书。由于计算机技术发展非常迅速，加上编者水平有限、时间仓促，不妥之处在所难免，敬请广大中老年朋友和同行批评指正。

为了使您更好地学习本书，我们特别创建了中老年朋友学习交流与技术指导QQ群：363300209，欢迎中老年朋友来这里交流学习经验。

编著者
2014年6月

如果您的计算机不能正常播放视频教学文件，请先单击"视频播放插件安装"按钮❶，安装播放视频所需的解码驱动程序。

[主界面操作]

1 单击可安装视频所需的解码驱动程序
2 单击可进入本书多媒体视频教学界面
3 单击可打开书中实例的素材文件
4 单击可打开书中实例的结果文件
5 单击可打开附赠的视频
6 单击可浏览光盘文件
7 单击可查看光盘使用说明

[播放界面操作]

1 单击可打开相应视频
2 单击可播放/暂停播放视频
3 拖动滑块可调整播放进度
4 单击可关闭/打开声音
5 拖动滑块可调整声音大小
6 单击可查看当前视频文件的光盘路径和文件名
7 双击播放画面可以进行全屏播放，再次双击便可退出全屏播放

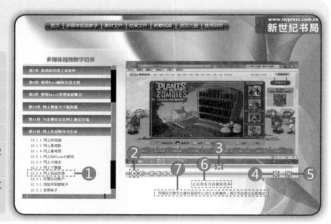

[光盘文件说明]

此文件夹包含本书视频教学文件　　此文件夹包含书中实例的素材文件　　此文件夹包含书中实例的结果文件　　此文件夹包含附赠视频文件　　此文件夹包含播放视频教程所需的插件

同步教学文件　　素材文件　　结果文件　　附赠视频　　视频插件

　　本书配套光盘内额外赠送了2小时《电脑组装、维护与故障排除》教学视频，为中老年朋友的学习提供更多帮助。

▶ 1.4　用系统安装盘分区

▶ 2.4　从Windows XP升级到Windows 7

▶ 3.2　手动安装驱动程序

▶ 4.3　设置无线宽带路由器

▶ 5.4　禁止系统还原

▶ 5.18　加快开机速度

▶ 6.5　使用组策略锁定账户

▶ 7.5　使用Unlocker删除顽固木马文件

▶ 8.9　恢复被格式化的分区上的文件

▶ 9.1　笔记本屏幕的维护方法

▶ 10.5　解决Windows 7系统下的Installer服务冲突

▶ 11.2　解决无线网络被人盗用问题

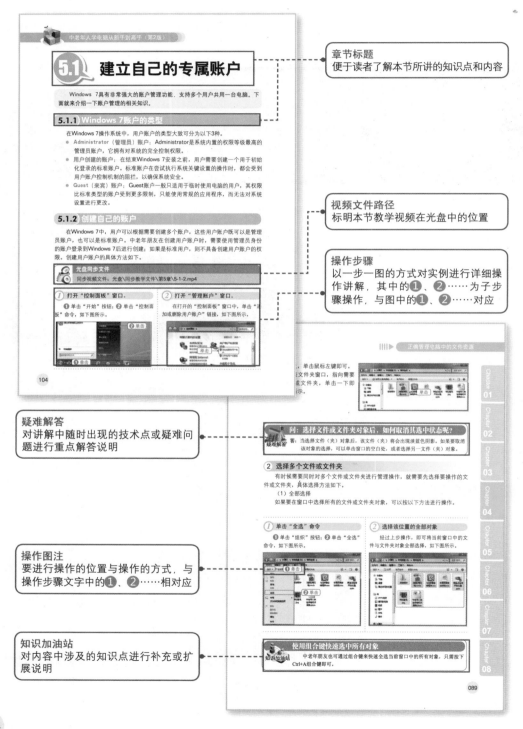

章节标题
便于读者了解本节所讲的知识点和内容

视频文件路径
标明本节教学视频在光盘中的位置

操作步骤
以一步一图的方式对实例进行详细操作讲解，其中的❶、❷……为子步骤操作，与图中的❶、❷……对应

疑难解答
对讲解中随时出现的技术点或疑难问题进行重点解答说明

操作图注
要进行操作的位置与操作的方式，与操作步骤文字中的❶、❷……相对应

知识加油站
对内容中涉及的知识点进行补充或扩展说明

目录 CONTENTS

Chapter 01 电脑基础知识轻松上手

Chapter 02 轻松掌握Windows 7操作

CONTENTS

Chapter 03 中老年人打字不再犯难

Chapter 04 正确管理电脑中的文件资源

Chapter 05 电脑中的账户管理和家长控制

Chapter 06 轻松应用系统实用工具

CONTENTS

Chapter 07 易用的常用工具软件

Chapter 08 使用Word编辑生活文档

Chapter 09 使用Excel管理家庭账目

Chapter 10 网上搜索与下载资源

Chapter 11 与亲朋好友在网上通信交流

Chapter 12 网上休闲娱乐与生活

Chapter 13 电脑安全维护与系统优化

电脑基础知识轻松上手

本章导读

随着电脑在工作与生活中的普及，很多中老年朋友都拥有了自己的电脑。刚接触电脑的中老年朋友总觉得电脑很难学，其实电脑的学习与使用是非常简单的。本章就带领大家一起了解与认识电脑。

知识技能要求

通过本章内容的学习，读者应该学会电脑的基础入门知识及基本操作。学完后需要掌握的相关技能和知识如下。

❖ 认识电脑
❖ 了解正确的坐姿
❖ 掌握健康使用电脑的方法
❖ 了解电脑的一般分类
❖ 熟悉电脑的组成
❖ 掌握正确的开关机方法
❖ 掌握正确使用鼠标的方法

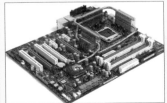

 从零开始认识电脑

电脑已经逐渐融入到人们的日常工作与生活中。对于年轻朋友来说，不论是家庭娱乐还是工作需要，都离不开电脑。广大在职或者赋闲的中老年朋友也可以利用自己的空闲时间学习电脑的使用，以满足工作需求并丰富自己的业余生活。

1.1.1 什么是电脑

我们日常说的"电脑"其实只是一种俗称，它的学名应该是电子计算机（computer），它最主要的功能是计算。

电子计算机简称计算机，它是一种能够按照程序运行，自动、高速处理海量数据的现代化智能电子设备。由于它在实际应用中减轻并部分代替了人的脑力劳动，人们经常拿它与人脑相比，所以才亲切地称之为电脑，如右图所示。

一台完整的电脑是由若干个部件组合而成的，主要分为硬件系统和软件系统两部分。硬件系统就像电脑的身体，而软件系统则是电脑的灵魂。

没有安装任何软件的电脑称为裸机。需要注意的是，裸机是无法工作的，只有安装了必需的软件，电脑才可以完成相应的实际工作。

1.1.2 电脑能够做什么

电脑是一个功能强大的工具，小到购物记账，大到航天发射，随处可见它的身影。对于广大中老年朋友来说，电脑的用途主要可以概括为学习、生活以及工作等方面，而我们学习电脑也是为了满足这些方面的需求。现在就来了解一下电脑最普遍的日常应用。

1 电脑办公

电脑已经成为商务活动和日常办公必备的工具。熟练掌握电脑应用以及办公软件的使用，也已经成为公司职员必备的工作技能。通过电脑，我们能够方便地编排办公文档、制作商务表格和管理数据等，比如，可以使用Word软件来编辑工作计划，或者使用Excel软件制作月度报表等。对于中老年朋友来说，也可使用电脑制作生活文档或管理家庭财务，如下图所示。

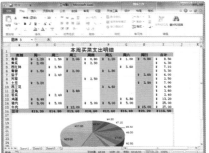

② 网络通信

将电脑连入互联网后，使用电脑在网上浏览和查询信息，通过电子邮件、即时通信等软件，可以不受地域限制地同亲朋好友进行文字、语音、视频等多元化的交流。中老年朋友也可以通过QQ软件和老朋友在线聊天，发送电子邮件联络感情等，如下图所示。

③ 休闲娱乐

休闲娱乐也是电脑的一个重要功能。忙完一天的事情之后，我们可以使用电脑在线看电影、电视剧，也可以在网上玩玩休闲游戏来放松心情。中老年朋友可以使用网络视频软件观看热播的电视剧，也可以在QQ游戏中心中玩一玩休闲游戏，如下图所示。

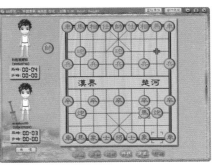

4 网上交易

随着网络技术的发展，越来越多的人选择在网上管理自己的财产。我们可以在网上进行银行转账、查询金额；也可以在网上交易，如网上购物、网上炒股、网上购买彩票等。

在网上进行交易有很多优点，用户不用辛苦地去银行或证券交易大厅排队，也无须亲自去商店挑选，只要有一台接入互联网的电脑，就可以随心所欲地在网上进行这类交易，既节省时间又免于路上奔波。中老年朋友由于腿脚不灵，更适合在网上购买商品，也可以在网上进行股票交易等，如下图所示。

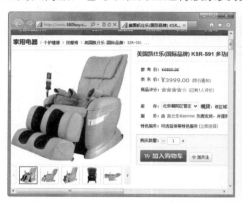

5 处理照片

随着生活水平的提高，现在很多人都喜欢摄影，我们可以将数码相机拍摄的照片传输到电脑中，然后根据自己的需要进行图像修饰、照片美化等操作，使照片变得更加漂亮、生动。使用专门的图像处理软件可以修复人物皮肤上的瑕疵、调整偏色照片、后期合成以及艺术创作等，如下图所示。

6 设计绘图

有了电脑的帮助，我们可以进行平面设计、三维设计、插画绘制、建筑设计、机械设计等各种艺术创作。

1.1.3 中老年人为什么都在学电脑

赋闲在家的中老年朋友，除了偶尔出门旅游外，大多数时间是呆在家里看报纸、打麻将、看电影等。这些娱乐都可以通过电脑来操作。除此之外，还可以利用电脑解决生活上的一些事情，如写日记、编写资料、计算生活开支等，轻松好学而不乏味。

1.1.4 怎样学好电脑

学电脑是一个长期的过程，我们应当掌握有效的学习方法，让学电脑更加简单、轻松。

1 从兴趣爱好出发

要想学电脑，首先肯定要对电脑有兴趣。有些中老年朋友对电脑的办公功能有兴趣；有些则对电脑的网络应用功能感兴趣、如电脑游戏、聊天交友、网上娱乐等。中老年朋友可以根据自己的需要和兴趣有选择地学习。

2 关心电脑的最新发展

电脑发展日新月异，无论是硬件还是软件，更新换代的速度相当快，中老年人也应该多关注电脑的最新发展，了解电脑资讯，让自己的认识和思维都和年轻人保持一致。

3 建立信心、目标和计划

对于中老年朋友来说，要相信电脑其实并不难学，只是需要一个过程而已。我们可以给自己学习电脑的过程制定一个学习目标，也就是要达到什么样的标准，再计划怎么安排时间和精力去学习。这样，有了信心、目标和计划，相信学会电脑并不是难事。

4 多观察、多思考、多实践

在学习过程中，多看是指多参考有价值的书籍资料或是多看其他人的操作。现在电脑图书种类繁多，且各方面的功能和应用都有；而且随着电脑的普及，电脑高手随处可见，所以多看看总是可以的。

在学习过程中有了疑问，可以向儿孙辈虚心请教，或者老朋友间互相交流，多听他人意见，再结合自己的学习，这样进步起来肯定要快得多。

需要注意的是，遇到问题首先要自己想想解决的方法，多思考，多动手，遇到解决不了的问题除了向别人请教外，还可以查阅相关资料。除了传统的书籍资料查询外，现在网络资源也非常丰富，到网上去找找，总会找到答案的。

另外，要学习电脑还应该注意以下几个问题：克服畏惧心理，坚持、专注地学习等，这样才能有效地学好电脑。

 学电脑的注意事项

电脑为我们的工作与生活带来了便利，但由此引发的健康问题也不容忽视，特别是中老年朋友，无论是在精力上还是健康状况上，都无法与年轻人相比，因此更应当注意如何正确使用电脑。

1.2.1 采用正确的坐姿

现在电脑已经和普通家用电器一样普及了，人们使用电脑时的正确坐姿却越来越不在意了。殊不知，对于电脑使用者来说，如果经常使用电脑而不注意姿势，可能就会对自己的健康状况造成一定的影响，如对肌肉、关节等的影响。

使用电脑时正确的姿势是：坐姿要端正，上臂自然放直，前臂与上臂垂直或略向上10°～20°，腕部与前臂保持水平，大腿应与椅面成水平，小腿与大腿成90°。操作电脑时，应将电脑屏幕中心位置安装在与操作者胸部同一水平线上，眼睛与屏幕的距离应在40~50cm，最好使用可以调节高度的椅子。

1.2.2 不宜长时间使用电脑

有些中老年朋友出于工作原因，上班时间经常都在使用电脑；有些中老年朋友则比较清闲，将大部分空闲时间都用到了电脑娱乐上。我们已经知道长时间使用电脑会引发一系列健康问题，如眼睛疲劳、肩酸腰痛以及头痛和食欲不振等，因此中老年朋友应当控制好使用电脑的时间，如使用一段时间后，就应当眨眨眼睛、站起来活动手臂和腰，或者外出活动一下。

如同青少年沉溺于网游一样，中老年人在接触电脑后，可能也会被电脑的神奇所吸引，一些空闲时间较多的中老年朋友可能也会花大量的时间在电脑娱乐上。相对年轻人来说，中老年朋友更应当注重健康问题，不宜长时间使用电脑。

1.2.3 预防电脑辐射

电脑产生的辐射是引发健康问题的一个主要因素。我们只要接触并使用电脑，就不可避免会受到辐射的影响。所以在使用电脑过程中，应当采取一些措施来降低电脑辐射。下面给出以下几条建议。

- 为显示器安装一块防辐射屏，可以在一定程度上降低显示器对脸部的辐射。
- 在电脑周围摆放几盆可以吸收辐射的植物，如仙人掌。
- 养成用完电脑就用热水洗脸的习惯，增加脸部血液循环。
- 平时多吃一些胡萝卜、豆芽、瘦肉、动物肝脏等富含维生素A、蛋白质的食物，经常吃绿色蔬菜也有利于电脑操作者的健康。

电脑的一般分类

并不是所有的电脑都是一个模样的，根据外观，电脑分为不同的种类，常见的有台式电脑、笔记本电脑、平板电脑不、一体机等。

1.3.1 台式电脑

台式电脑在办公环境或者家庭等固定场所使用居多。由于台式电脑有散热性好、性价比高、扩展性强和保护性好等优点而被人们广泛使用。台式电脑从外观上看主要由主机、显示器、鼠标和键盘几个部分组成，各部分的作用如下表所示。当然，用户也可以根据需要配备音箱、摄像头、打印机等设备，其外观如右图所示。

组　　成	作　　用
主机	主机是电脑最重要的组成部分，CPU、主板、显卡、硬盘、光驱等设备都安装在主机机箱中
显示器	用于显示电脑输出的结果，与主机上的显示输出接口连接
键盘	重要的输入设备，主要用于向电脑中输入字符，也可以对电脑进行控制
鼠标	重要的输入设备，在图形化操作系统中，鼠标用于完成大部分电脑操作

1.3.2 笔记本电脑

笔记本电脑是当前用户使用最广泛的一类电脑，它是集电脑主机、显示器、键盘、鼠标等设备于一体的便携式电脑，体型小巧，方便携带，比较适合经常外出的朋友。随着市场需求的变化，笔记本还细分出了更加小巧的上网本和轻薄与性能兼顾的超极本。笔记本电脑的外观如下图所示。

1.3.3 平板电脑

平板电脑是一种小型、方便携带的个人电脑，以触摸屏作为基本的输入设备。它拥有的触摸屏允许用户通过手指或者触控笔进行操作，而不用传统的键盘或鼠标。平板电脑使用了特殊架构的CPU，支持多种操作系统，它集移动商务、移动通信和移动娱乐为一体，具有手写识别和无线网络通信功能，被称为"上网本的终结者"。平板电脑的尺寸以7~10寸居多，微软最新的Windows 8操作系统专门针对平板电脑进行了优化。

1.3.4 一体机

一体机是一种新兴的电脑，它是将台式电脑机箱中的所有硬件都整合到显示器中，以节省机箱占据的空间。

由于它的芯片、主板和显示器都集成在一起，显示器就是一台电脑，所以只要将鼠标和键盘连接到显示器上就可以正常使用了。这种设备无疑是在家使用电脑的中老年朋友的最佳选择。一体机的外观如下图所示。

1.4 了解电脑的组成

一台完整的电脑主要由硬件和软件两大部分组成，我们知道，没有安装软件的电脑是无法工作的，只有硬件与软件都具备才能正常运行。下面我们来认识电脑的软硬件组成。

1.4.1 认识电脑的硬件

与电脑相关的硬件有很多种，其中电脑必备的硬件主要有主机、显示器、鼠标与键盘，下面我们学习一下基本的硬件知识。

① 主机

无论是台式电脑还是笔记本电脑，都有主机。从电脑组成结构来看，主机是电脑组成的重要部分。电脑中的所有文件资料、信息都是由主机来分配管理的。电脑中所需完成的各种工作都是由主机来控制和处理的。

主机的外观样式多种多样，常用的电脑主机外观如右图所示。主机机箱的正面有电源开关、复位按钮、指示灯和光驱位等，各部分的作用如下表所示。不同机箱，正面的按钮、指示灯的形状与位置也不相同。

组　　成	作　　用
电源开关	电源开关通常都有 ⏻ 或Power标记，而且通常比其他按钮大
复位按钮	通常都位于电源开关的附近，按下该按钮，可以重新启动电脑
USB接口	现在的机箱通常在机箱正面或侧边设计有USB接口，方便用户使用U盘、移动硬盘、MP4、手机等移动设备进行连接
音频插孔	在机箱正背两面都有这两个音频插孔，主要是方便用户使用音箱、麦克风等设备
指示灯	在电脑开机后通常显示为绿色或蓝色，主要表示电脑主机是否通电
光驱位	用于安装光驱，既可以安装只读型光驱，也可以安装刻录机

电脑主机箱中安装了所有电脑所必备的核心硬件，有主板、CPU、内存条、硬盘、光驱、显卡和电源硬件设备，下面将做详细的讲解。

● **主板**：机箱中最大的一块电路板，用于其他设备的安装与固定。主板是各个硬件之间的沟通桥梁。

● **CPU**：也称中央处理器，它是电脑的"大脑"，用于数据运算和命令控制。随着CPU的不断更新，电脑的性能也不断提高。

主板和AMD CPU的外观样式如下图所示。

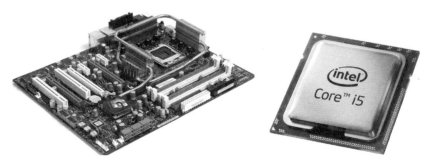

问：中老年人选购CPU要注意哪些问题？

疑难解答

答： 现在个人电脑市场上的CPU主要有两家厂商的产品，一种是Intel公司的产品，一种是AMD公司的产品，这两种CPU互不兼容，在组装电脑时需要选择各自配套的主板。

- **内存条：** 用来临时存放当前电脑运行的程序和数据，是电脑的记忆中心。一般而言，内存越大，电脑的运行速度也会越快。
- **硬盘：** 用于长期存放有效的数据内容。它的容量越大，能存放的数据就越多。硬盘具有存储容量大、不易损坏、安全性高等特点。

内存条和硬盘的外观样式如下图所示。

两种不同的硬盘

知识加油站

硬盘一般分为两种：机械式硬盘与固态硬盘，固态硬盘相较传统的机械式硬盘，具有读写速度快、省电的优点，但价格比较贵。

- **光盘与光驱：** 光盘也是一种数据存储设备，具有容量大、寿命长、成本低的特点。目前，用光盘存储数据应用越来越广泛。光驱主要用于读取光盘中的数据或者将数据刻录到光盘中。

光盘与光驱的外观如下图所示。

- **电源：** 电脑中的电源设备主要用于将外部的220V电压转换为±5~12V，然后再将转换后的电压提供给主板、CPU、硬盘等设备使用。
- **显卡：** 显卡是插接到主板上，为显示器提供显示信号的设备。显卡的用途就是把电脑中的信息传送给显示器并在显示器中显示出来。

电源和显卡的外观效果如下图所示。

 主板上的集成芯片

知识加油站　　此外，我们经常用到的还有网卡和声卡。现在，大多数主板都集成了网卡与声卡芯片，用户就不需要额外购买了。

② **显示器**

　　显示器是用于将电脑中输入的内容、系统提示、程序运行状态和结果等信息显示给我们看的输出设备。现在市面上常见的显示器有两种，一种是体积较小的液晶显示器，另一种是外型庞大的CRT显示器，如下图所示。后者目前已经被前者所取代。

③ **键盘和鼠标**

　　键盘和鼠标是电脑最常用的重要输入设备，是人机"对话"的重要工具。用户通过按下键盘上的键输入命令和数据，或者用鼠标选择指令来"告诉"电脑要进行什么操作。

- **键盘**：键盘的种类比较多，外观形状也不尽相同，但都是由一系列按键组成的。各个数据都可以通过键盘来输入到电脑中，如输入文字、数字信息等。
- **鼠标**：鼠标是电脑应用中一种常用的输入设备，在使用电脑的过程中，通过鼠标可以方便、快速、准确地进行操作。

键盘和鼠标的外观效果如下图所示。

④ 常见的电脑外部设备

电脑除了必备的基本硬件以外，还有一些常见的与我们生活息息相关的外部设备，如打印机、音箱、摄像头、U盘、扫描仪、手写板等。

- **打印机**：一种用于将电脑中的信息打印在纸上的输出设备。打印机一般可分为针式打印机、喷墨打印机和激光打印机3种。目前使用最多的是喷墨打印机和激光打印机，一般喷墨打印机价格较便宜，激光打印机价格相对较高。3种打印机的外观如下图所示。

- **音箱**：是多媒体电脑重要的组成设备。它的作用主要是将电脑中的声音播放出来。有了音箱，我们就可以听音乐、看电影了。音箱的外观，如右图所示。

- **摄像头**：又称为"电脑相机"，是一种视频输入设备，被广泛应用于视频会议、远程医疗及实时监控等方面。在电脑上配置一个摄像头，还可以与亲朋好友进行视频聊天。除了普通摄像头外，还有高清摄像头和具有夜视功能的摄像头。

- **U盘**：是一种使用USB接口的无需物理驱动器的微型高容量移动存储设备，通过USB接口与电脑连接，实现即插即用。U盘连接到电脑的USB接口后，U盘的资料可与电脑进行交换。

摄像头与U盘的外观效果如下图所示。

Chapter 01
Chapter 02
Chapter 03
Chapter 04
Chapter 05
Chapter 06
Chapter 07
Chapter 08

- **扫描仪**：是一种图像输入设备，可以将图像、照片及文件等资料扫描到电脑中，目前使用也比较广泛。
- **手写板**：是一种通过硬件直接向电脑输入汉字，并通过汉字识别软件将其转换为文本文件的电脑外部设备。手写板不仅可以用于输入文字信息，还可以用于精确制图，如制作电路图、制作CAD设计图、制作图形图像设计图与绘制插画等。

扫描仪与手写板的外观效果如下图所示。

1.4.2 认识电脑的软件

电脑硬件是构成电脑系统的各种部件的总称，是一些看得见、摸得着的硬件设备。一台电脑如果只有硬件设备是无法发挥它的功能和作用的。电脑只有安装必备的软件才能发挥它的功能。电脑软件是指可以运行在电脑硬件基础上的各种程序的总称，主要作用是发挥和扩大电脑的功能，相当于人的思想和灵魂。购买品牌机最大的好处就是许多软件都预先安装好了。

电脑软件一般可以分为系统软件和应用软件两类，下面将做相应的介绍。

- **系统软件**：系统软件是指管理、控制和协调电脑及外部设备，支持应用软件开发和运行的系统，主要功能是调度、监控和维护计算机系统；负责管理计算机系统中各种独立的硬件，使得它们可以协调工作。目前，常用的计算机系统是微软公司开发的Windows系统，常用的版本有Windows XP、Windows Vista和Windows 7等，如右图所示。

- **应用软件**：应用软件是专门为用户解决各种实际问题而编制的软件。用户可以根据自己的需要，在电脑中安装相应的软件，如Office办公软件、Photoshop图像处理软件、QQ聊天软件等。如果要使电脑保持健康状态，还需要安装杀毒软件，如360杀毒软件、金山毒霸、瑞星杀毒软件等。如右图所示是一款Office软件。

1.5 掌握正确的开关机操作

中老年朋友在学习电脑时，首先应掌握的是启动与退出操作系统。下面就来介绍在Windows 7操作系统中正确启动与退出操作系统的方法。

1.5.1 正确启动电脑

电脑开机就是接通电脑的电源，将电脑启动并登录到Windows桌面。开机是非常简单的操作，但是电脑开机与家电的打开方法是不一样的。必须严格地按照正确的顺序来进行操作，具体操作方法如下。

① 打开显示器电源。

按下显示器上的"电源"按钮，如下图所示。

② 打开主机电源。

按下主机上的"电源"按钮，如下图所示。

③ 电脑自检。

电脑开始进行自我检测，检测电脑中的硬盘、内存、主板等硬件，如右图所示。

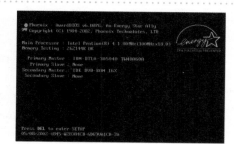

④ **启动系统。**

自检完成后，显示启动界面，电脑开始启动并登录Windows 7系统，如右图所示。

1.5.2 打开要使用的程序

Windows 启动成功后，中老年朋友此时最想知道的一定是如何在电脑中打开程序了。一般情况下，安装后的程序都会显示在"开始"菜单的程序列表中，我们可以在"开始"菜单中启动应用程序。例如，要启动电脑中的金山词霸程序，方法如下。

 光盘同步文件
同步视频文件：光盘\同步教学文件\第1章\1-5-2.mp4

① **打开"开始"菜单。**

❶ 单击桌面左下角的"开始"按钮；
❷ 在弹出的"开始"菜单中指向"所有程序"命令，如下图所示。

② **选择需要的程序。**

❶ 在程序列表中单击"金山词霸"；
❷ 在下一级列表中单击"金山词霸"命令，如下图所示。

1.5.3 关闭程序

当不再使用打开的程序时，用户可以将程序关闭。不同应用程序，关闭的方法也不尽相同。一般来说，我们可以使用以下两种方法关闭应用程序。

- **使用"关闭"按钮**：单击程序窗口标题栏右侧的"关闭"按钮。
- **使用组合键**：按下Alt＋F4组合键也可以关闭正在运行的程序。

关闭需要保存结果的应用程序

知识加油站　　有些应用程序，如文本编辑软件、图像编辑软件等，在关闭之前需要先保存当前的成果，这些程序往往可以打开多个编辑窗口，单击"关闭"按钮只会关闭当前窗口，而要关闭整个软件，需要选择"文件"菜单中的"退出"命令，我们会在以后的章节中详细叙述。

1.5.4　重新启动电脑

当安装了与系统联系比较紧密的新软件或者完成系统更新后，往往需要重新启动电脑，某些操作才能生效。如果遇到死机或者其他故障，也必须要重新启动电脑，所以，中老年朋友一定要掌握重新启动电脑的方法，具体操作方法如下。

❶单击"开始"按钮；❷在弹出的"开始"菜单中单击"关机"按钮右侧的扩展按钮▶；❸在弹出的菜单中单击"重新启动"命令，如右图所示。

问：如果电脑死机，该如何重启电脑？

疑难解答　　**答**：电脑构造比较复杂，难免会出现因为兼容性或者硬件原因导致死机的情况，此时，系统没有响应，甚至鼠标也不能移动，可以按主机箱上的复位按钮来重新启动，如果没有复位按钮，可通过断开电源的方法重新启动。

1.5.5　正确关闭电脑

电脑使用完毕，应及时将其关闭。中老年朋友需要注意的是，电脑关机也是有流程的。应该先在Windows中进行关机操作并切断主机电源，再关闭显示器，具体操作方法如下。

① 在系统中关机。

❶单击"开始"按钮；**❷**在弹出的"开始"菜单中单击"关机"按钮，如下图所示。

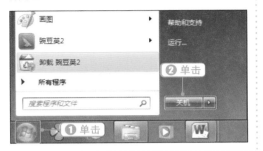

② 关闭电源。

电脑关闭后，显示器的电源指示灯会由绿色或蓝色变为黄色，此时应按下显示器的电源按钮，并切断电源，如下图所示。

 # 正确使用鼠标

鼠标是电脑的常用操作设备之一，电脑中的很多操作都离不开鼠标。中老年朋友只有学会正确地操作鼠标，才能熟练地掌握电脑的其他操作技能。

1.6.1 认识鼠标

按照构造原理，鼠标一般可分为机械鼠标、光电鼠标和激光鼠标。目前机械鼠标已逐步被淘汰了，光电鼠标使用最为广泛。

鼠标一般由左键、右键和滚轮组成。在电脑操作中，鼠标左键主要用于选择对象或打开程序；鼠标右键一般用于打开对象的快捷操作菜单；鼠标滚轮用于放大、缩小对象，或者快速浏览文档内容等。

根据连接方式的不同，鼠标又可分为有线鼠标和无线鼠标。由于不受线缆的束缚，现在越来越多的用户使用无线鼠标，无线鼠标的外观如右图所示。

鼠标的功能键

除了基本的左右键和滚轮外，有些鼠标还具有额外的按键，可以完成一些特殊操作，通过安装专用的鼠标驱动，用户还可以定义这些按键的功能。

1.6.2 手握鼠标的正确方法

绝大多数人都习惯用右手来操作鼠标，手握鼠标的正确方法如右图所示：食指和中指自然放在鼠标的左键和右键上，拇指横向放在鼠标左侧，无名指和小指放在鼠标右侧，拇指与无名指及小指轻轻握住鼠标，手掌心轻轻贴住鼠标后部，手腕自然垂放在桌面上。

问：操作鼠标时应注意哪些事项？

答： 在操作鼠标时，要做到手指责任分工明确，养成良好的操作习惯。操作时要有耐心，不要随意拉扯或摔打鼠标。另外，对于光电鼠标，应避免在具有反光材质（如玻璃）或阳光较强的环境下使用，否则会导致光电鼠标的灵敏度下降，甚至失去响应。

1.6.3 认识鼠标指针不同状态的含义

当我们启动电脑进入Windows桌面以后，我们移动鼠标，在屏幕上就会有一个跟随鼠标移动的箭头 ，这个对象就叫作鼠标指针。

在使用电脑的过程中，鼠标指针在不同的位置或系统处于不同的运行状态时，会呈现出不同的形态，中老年朋友往往弄不清不同形态的指针含义。只有正确地认识了不同外观样式指针的作用与含义，才能正确、有效地操作电脑。几种常见的鼠标形态及其代表的含义如下表所示。

指针形态	含　义
↖	正常选择状态，可选择当前屏幕中显示的对象
↖⏳	后台运行中，当前对象正在运行，需略等待
○	系统繁忙，当前程序或系统暂无法进行操作，需略等待
⊘	不可用，当前对象中无法使用鼠标操作
↕ ↔ ⤡ ⤢	调整状态，调整对象与窗口时显示为该形态
✥	移动状态，当前对象将伴随鼠标移动位置
🖑	链接标记，单击将打开链接对象，多见于网页中
I	文本选择标记，出现在文本编辑状态下，用于选择与输入文本

1.6.4　掌握鼠标的基本操作

在使用电脑的过程中，无论是选择对象还是执行命令等操作。基本上都是通过鼠标来快速完成的。鼠标常见的操作可以分为指向、单击、双击、拖动、右击与滚动6种操作方式，具体介绍如下。

1　指向

指向操作又称为移动鼠标，一般情况下用右手握住鼠标来回的移动，此时鼠标指针也会在屏幕上同步移动。将鼠标指针移动到所需的位置就称为"指向"。

指向操作常用于定位，当要对某一个对象进行操作时，必须先将鼠标定位到相应的对象，例如，将鼠标指针指向桌面上的"回收站"图标，如下图所示。

2　单击

单击也称为点击，是指将鼠标指针指向目标对象后，用食指按下鼠标左键，并快速松开左键的操作过程。单击操作常用于选择对象、打开菜单或执行命令。

（1）选择对象

单击鼠标左键可以选择对象，例如，❶鼠标指针指向桌面上的"回收站"图标；❷单击鼠标左键，就表示选择了"回收站"图标对象，如下图所示。

（2）打开菜单

单击鼠标左键还可以打开要操作的菜单，例如打开"开始"菜单，❶鼠标指向任务栏左下角的"开始"按钮；❷单击鼠标左键，即可打开"开始"菜单，如下图所示。

（3）执行命令

单击鼠标左键还具有执行命令的功能，例如，打开"控制面板"窗口，❶单击"开始"按钮打开"开始"菜单；❷单击"控制面板"命令，即可打开"控制面板"窗口，如下图所示。

③ 双击

将鼠标指针指向目标对象后，用食指快速、连续地按下和松开鼠标左键两次，就是"双击"操作。双击操作常用于启动某个程序、执行任务、打开某个窗口或文件夹。

④ 拖动

拖动是将对象从一个位置移动到另一个位置的操作。❶鼠标指针指向目标对象，按住鼠标左键不放；❷移动鼠标指针到指定的位置后，再松开鼠标左键，如下左图所示。

⑤ 右击

右击是指将鼠标指针指向对象后，按下鼠标右键并快速松开按键的操作过程。"右击"操作常用于打开目标对象的快捷操作菜单，以选择相应的菜单命令，如下右图所示。

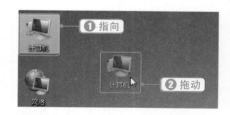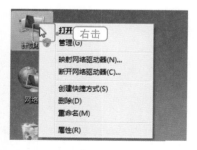

⑥ 滚动

滚动是指用食指前后搓动鼠标中间的滚轮操作，常用于放大、缩小对象，或者长文档的上下滑动显示等。

轻松掌握 Windows 7操作

本章导读

　　对于中老年朋友来说，学习电脑主要是学习电脑软件的操作与应用。我们日常接触到的应用软件大多是基于Windows操作系统的。作为当前主流的操作系统，Windows 7外观漂亮，又易学易用，非常适合中老年朋友使用。本章主要为中老年朋友讲解Windows 7操作系统的基本使用方法和设置技巧。

知识技能要求

　　通过本章内容的学习，读者应该学会电脑中Windows 7操作系统的基本操作方法及相关设置。学完后需要掌握的相关技能和知识如下。

❖ 认识 Windows 7的桌面组成
❖ 了解Windows桌面的设置方法
❖ 掌握窗口的基本操作方法
❖ 了解任务栏的设置方法
❖ 掌握查看和设置日期与时间的方法
❖ 掌握更改屏幕显示的文本大小的方法
❖ 掌握电源计划的配置方法

 桌面管理和图标设置

在启动电脑进入系统后，屏幕显示的界面就是Windows桌面。Windows 7的桌面系统较以往的操作系统有了全新的改变。初次见到Windows 7的桌面，中老年朋友往往不知该如何下手。下面我们就来认识和了解一下Windows 7桌面。

2.1.1 认识Windows 7的桌面

Windows 7的桌面布局与Windows XP基本相同，不过无论在风格上还是色调上，都更加漂亮和美观，如右图所示。

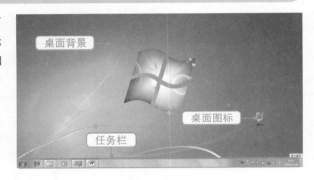

（1）桌面背景

桌面背景即桌面的背景图像，Windows 7中提供了多种背景图片，用户可以随意更换，并且还可以将电脑中保存的图片文件或个人照片设置为桌面背景。

（2）桌面图标

桌面图标用于打开对应的窗口或运行相应的程序。第一次登录Windows 7时，桌面上仅显示一个"回收站"图标，我们可以根据需要自定义显示其他图标。

（3）任务栏

任务栏位于屏幕最下方，分为多个区域，从左到右依次为"开始"按钮、任务栏按钮、输入法状态栏以及托盘区，如下图所示。

问：为什么有些电脑的桌面图标和任务栏按钮不一样?

疑难解答

答：Windows 7的默认桌面上只有一个"回收站"图标，用户可以根据自己的实际需要，在桌面上显示或创建相关图标。如果您的桌面图标与图中不一致，这是正常的，任务栏按钮区域中显示什么图标取决于电脑中打开了哪些程序。

2.1.2 更改桌面图标

Windows桌面图标可以分为系统图标和应用程序图标两种。系统图标是指安装Windows时自动生成的图标，主要用于打开系统组件。而应用程序图标是指在电脑中安装相关软件后所创建的程序图标。

光盘同步文件

同步视频文件：光盘\同步教学文件\第2章\2-1-2.mp4

1 显示或隐藏系统图标

Windows 7中的系统图标主要有计算机、网络、用户文件、回收站和控制面板。安装Windows 7后，桌面上只有 "回收站"一个系统图标，这对用户朋友的日常使用可能会造成不便，我们可以使用下面的方法将其他系统图标显示出来。

① 打开"个性化"窗口。

❶在桌面的任意空白处单击右键；❷在弹出的快捷菜单中单击"个性化"命令，如下图所示。

② 打开"桌面图标设置"对话框。

弹出"个性化"窗口，在窗口左侧单击"更改桌面图标"选项，如下图所示。

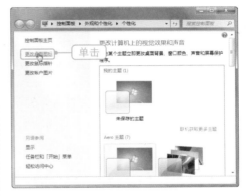

③ 选择要显示在桌面的系统图标。

弹出"桌面图标设置"对话框，❶在"桌面图标"下方的选项区域中选择要显示的图标；❷单击"确定"按钮，如右图所示。

④ **显示图标。**

经过以上操作后，即可在桌面上显示所选择的图标，如右图所示。

更改图标外观

知识加油站　在"桌面图标设置"对话框中，选择列表中的图标，单击"更改图标"按钮，将弹出"更改图标"对话框，在这里，我们可以选择相应的图形，来更改系统图标的外观样式。

2 将应用程序图标添加到桌面上

除了可以在桌面上显示系统图标外，我们还可以把经常要用到的应用程序图标的快捷方式创建到桌面上。有些程序在安装时就会直接将图标创建到桌面上，而有些图标则需要用户手动去添加，例如，把Word 2010的图标添加到桌面上，具体操作方法如下。

① **选择发送到桌面快捷方式命令。**

❶单击"开始"按钮，选择"所有程序"命令打开程序列表；❷在列表中指向程序后单击右键；❸指向"发送到"命令；❹单击"桌面快捷方式"命令，如下图所示。

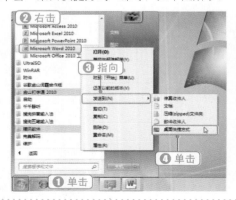

② **显示添加的应用程序图标。**

经过以上操作后，即可将应用程序图标添加到桌面上。如下图所示就是将其他应用程序图标添加到桌面的效果。

③ 查看桌面图标

在Windows 7中，用户可以设置桌面图标的显示方式，例如，对于中老年朋友来说，可以将桌面图标设置为大图标，这样便于我们查找和操作。

① 选择"大图标"命令。

❶在桌面的任意空白处单击右键；❷在弹出的快捷菜单中指向"查看"命令；❸在下一级菜单中单击"大图标"命令，如下图所示。

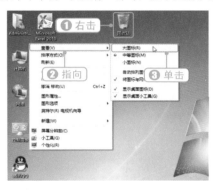

② 显示大图标效果。

如下图所示就是将桌面图标设置为大图标的桌面效果。

④ 排列桌面图标

在桌面上创建了大量的图标或是任意摆放图标位置后，桌面上的图标会显得很混乱，此时可以将这些图标按一定的顺序进行排列，具体操作方法如下。

① 选择排序方式。

❶在桌面的任意空白处单击右键；❷在弹出的快捷菜单中指向"排序方式"命令；❸在下一级菜单中选择排序方式，如单击"项目类型"命令，如下图所示。

② 显示排列效果。

经过上面的操作后，桌面上的图标就按照选择的"项目类型"排序方式排列好了，如下图所示。

排序方式的区别

在排列图标时，Windows 7为我们提供了多种排列方式，中老年朋友可以根据需要调整图标的排列。

- **名称：** 按图标的汉字拼音或英文字母A~Z进行先后排列；
- **大小：** 按文件的大小进行排列；
- **类型：** 将同一种类型的图标排列在一起；
- **修改时间：** 按图标修改时间的先后顺序进行排列。

2.1.3 更改桌面主题

Windows 7操作系统中的"主题"是指视觉外观，可以包含风格、壁纸、屏幕保护程序、鼠标指针、系统声音、图标外观等，除了风格是必须的之外，其他部分都是可选的。一个桌面主题风格就决定了大家所看到的Windows 7的样子。中老年朋友可以为电脑设置一个喜欢的主题，例如，将默认的Windows 7主题更改为"中国"主题，具体操作方法如下。

光盘同步文件

同步视频文件： 光盘\同步教学文件\第2章\2-1-3.mp4

---

① 打开"个性化"窗口。

❶在桌面的任意空白处单击右键；❷在弹出的快捷菜单中单击"个性化"命令，如下图所示。

② 选择主题。

弹出"个性化"窗口，在窗口中的Aero主题列表中单击需要的主题，如"中国"，如下图所示。

③ **显示主题效果。**

关闭"个性化"窗口后，即可查看选择的主题效果，如右图所示。

2.1.4 将喜欢的照片设置为桌面背景

如果不喜欢主题中的背景图片，中老年朋友可以将电脑中喜欢的旅游照片设置为背景。我们可以将多张图片设置为背景，还可以设置图片显示位置、更改图片的时间间隔和播放顺序。

光盘同步文件
同步视频文件：光盘\同步教学文件\第2章\2-1-4.mp4

① **打开"桌面背景"窗口。**

打开"个性化"窗口，在窗口中单击"桌面背景"选项，如下图所示。

② **选择文件存放的目标位置。**

打开"桌面背景"窗口，单击"图片位置"右侧的"浏览"按钮，如下图所示。

③ 选择背景图片所在的文件夹。

弹出"浏览文件夹"对话框，**①** 在文件夹列表中单击要用于桌面背景的文件夹；**②** 单击"确定"按钮，如下图所示。

④ 设置图片显示方式。

返回"桌面背景"窗口，选择要显示的图片，**①** 设置图片的显示位置和更改时间间隔；**②** 单击"保存修改"按钮，如下图所示。

2.1.5 设置屏幕保护程序

屏幕保护是为了保护显示器而设计的一种专门的程序，经过设置，它会在电脑待机一段时间后自动运行。一般Windows 7下的屏幕保护程序都比较暗，大幅度降低屏幕亮度，有一定的省电作用，其具体设置方法如下。

光盘同步文件

同步视频文件：光盘\同步教学文件\第2章\2-1-5.mp4

① 打开"屏幕保护程序设置"对话框。

用上面的方法打开"个性化"窗口，在窗口中单击"屏幕保护程序"选项，如右图所示。

②设置屏幕保护程序。

弹出"屏幕保护程序设置"对话框，❶在"屏幕保护程序"下拉列表中选择屏幕保护程序类型，如气泡；❷设置等待的分钟数，如7分钟；❸单击"确定"按钮，如下图所示。

③显示屏幕保护程序。

经过上面的操作后，在设置的等待时间后，如果不使用电脑，即可显示设置的屏幕保护程序，如下图所示。

2.1.6 添加桌面小工具

桌面小工具是Windows 7中非常实用的功能，中老年朋友可以根据需要，将一些实用的小工具显示在屏幕中，方便在电脑中进行一些常用操作。显示桌面小工具的具体操作方法如下。

光盘同步文件
同步视频文件：光盘\同步教学文件\第2章\2-1-6.mp4

①打开"小工具"列表窗口。

❶在桌面的任意空白处单击右键；❷在弹出的快捷菜单中单击"小工具"命令，如右图所示。

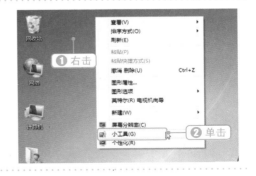

② 选择要显示的小工具。

弹出"小工具"列表窗口，在列表中双击要显示在桌面的小工具，如日历，如下图所示。

③ 显示小工具。

通过上面的方法还可以添加其他小工具，效果如下图所示。

2.2 掌握必要的窗口操作

Windows操作系统即是由一个个窗口所组成的操作系统，因此对窗口的操作也是Windows系统中最频繁的操作。中老年朋友在学习电脑操作时，窗口的操作是非常有必要熟练掌握的内容。

2.2.1 认识窗口的组成

Windows 7中的窗口可以分为两种类型，一种是系统窗口，另一种是程序窗口。系统窗口的组成大致包括地址栏、工具栏、导航窗格、搜索框、预览窗格以及详细信息栏；程序窗口则根据程序的不同，其组成结构也有所差别。

下面通过"计算机"窗口来认识Windows 7窗口的结构与组成。在桌面双击"计算机"图标或是在"开始"菜单中单击"计算机"选项，即可打开"计算机"窗口，如右图所示。

① 地址栏

在以往的Windows操作系统中，用户常常会把要打开的文件路径复制到地址栏中，或手动修改目录文本的方式进行目录跳转。

而在Windows 7的地址栏中，用按钮方式代替了传统的纯文本方式，并且在地址栏周围也仅有"前进"按钮 和"返回"按钮 ，找不到传统资源管理器中的"向上"按钮。用户可以使用不同的按钮来实现目录的跳转操作。

比如资源管理器中的当前目录为 ▮ ▸ 计算机 ▸ 本地磁盘 (C:) ▸ WINDOWS ▸ ，此时地址栏中的几个按钮为"计算机"、"本地磁盘(C:)"和Windows。如果要返回C盘根目录或"计算机"窗口，只需单击"本地磁盘(C:)"或"计算机"按钮即可。如果要返回上一级目录，只需单击地址栏左侧的 按钮即可。

② 搜索框

在Windows 7资源管理器中，处处都可以看到搜索框的身影，中老年朋友随时可以在搜索框中输入关键字，搜索结果与关键字相匹配的部分会以黄色高亮显示，类似于Web搜索结果，能让用户更加容易地找到需要的结果。

③ 工具栏

Windows 7操作系统的工具栏位于地址栏下方，当打开不同类型的窗口或选中不同类型的文件时，工具栏中的按钮就会发生变化，但"组织"按钮、"视图"按钮以及"显示预览窗格"按钮是始终不会变的。

④ 导航窗格

在Windows 7操作系统中，"资源管理器"窗口左侧的导航窗格提供了"收藏夹"、"库"、"家庭组"、"计算机"及"网络"选项，用户可以单击任意选项快速跳转到相应的目录。

⑤ 详细信息栏

Windows 7资源管理器的详细信息栏可以看作是传统Windows系统"状态栏"的升级，它能为用户提供更加丰富的文件信息，用户可直接在此修改文件的信息并添加标记，非常方便。

⑥ 预览窗格

Windows 7操作系统虽然能通过大尺寸图标实现文件的预览，但会受到文件类型的限制，比如查看音乐类型的文件时，图标就无法起到实际作用。这时用户就可单击"显示预览窗格"按钮 ，展开预览窗格，当选中音乐文件时，预览窗格就会调用与文件相关联的应用程序进行预览。

⑦ 内容显示栏

Windows 7操作系统的内容显示栏显示了硬盘和可移动存储设备各分区的总容量和可用空间。

2.2.2 调整窗口

当窗口处于非全屏幕显示时，可以根据需要任意调整窗口的大小或是移动窗口的位置，移动与缩放窗口的方法如下。

光盘同步文件

同步视频文件：光盘\同步教学文件\第2章\2-2-2.mp4

① **用鼠标拖动调整窗口大小**

调整方法非常简单，只要将鼠标指针移动到窗口边框或对角上，当鼠标指针形状变为双向箭头时，按下鼠标左键向内侧或外侧拖动鼠标即可。

如何只更改窗口的高度或宽度

知识加油站　　将鼠标指针移动到左侧或右侧边框上，可调整窗口的宽度；移动到上方或下方边框上，可调整窗口的高度；移动到对角上，可同时调整窗口的宽度与高度。

② **最小化、最大化、还原窗口**

窗口的右上角有3个控制按钮，分别是"最小化"、"最大化"以及"关闭"按钮。通过单击"最小化"、"最大化"或"还原"按钮，可以改变窗口的大小。

- 用鼠标单击窗口标题栏中的"最小化"按钮，即可将当前窗口最小化到任务栏中。将窗口最小化后，如果要恢复在屏幕中显示，只要单击任务栏中对应的按钮即可。
- 当窗口在屏幕中显示时，单击任务栏中对应的按钮，可最小化窗口。
- 当窗口处于非全屏显示状态时，单击标题栏中的"最大化"按钮，可以将窗口最大化到全屏显示。
- 最大化窗口后，标题栏中的"最大化"按钮　　将变为"还原"按钮　　，单击该按钮，即可将窗口还原到最大化前的大小。

在Windows 7中，还有一种特殊的
最大化窗口的方法。只要拖住窗口的侧
边栏往桌面顶端移动，当鼠标指针与屏
幕边缘碰撞出气泡时，即可看到窗口最
大化的Aero Peek效果，如右图所示。此
时松开鼠标左键，即可实现窗口的最大
化。如果要还原窗口，只要单击窗口的
上侧边栏不放，再向下拖动即可。

2.2.3 切换活动窗口

在Windows 7中可以同时打开多个窗口或运行多个程序，但一次只能对一个窗口
进行操作，当前可操作的窗口被称为活动窗口。同时打开多个窗口后，要对某个窗
口进行操作，必须先将该窗口切换为当前活动窗口。在Windows 7中，可以通过多种
方法在各个窗口之间进行切换。

光盘同步文件

同步视频文件：光盘\同步教学文件\第2章\2-2-3.mp4

① 单击窗口可见区域

窗口的可见区域是指屏幕上有多
个窗口时，在屏幕上能够看到的窗口
部分。

当多个窗口在屏幕上时，单击要显
示的窗口的部分区域即可将该窗口切换
为活动窗口。如右图所示是，击360安
全卫士窗口，即可将该窗口设置为活动
窗口。

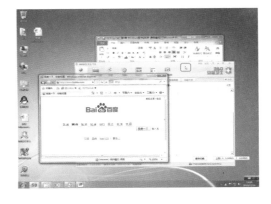

② 通过切换面板

中老年朋友也可通过切换面板来切换窗口，按下Alt+Tab组合键即可调出切换面
板，此时会显示窗口所对应的缩略图，按住Alt键不放，重复按下Tab键即可在窗口间
循环切换，如下图所示。

临时显示窗口内容

知识加油站　中老年朋友在按住Alt+Tab组合键的同时，也可以将鼠标指针移动到切换面板中的窗口缩略图标上，显示图标所对应的窗口，而其他窗口全部透明（仅保留边框）。

③　在任务栏中进行分类切换

当然，在一个程序中打开多个窗口后，中老年朋友也可以用鼠标选取系统任务栏上的窗口缩略图标，对专门的程序窗口进行切换，而不用再与其他程序及窗口混合切换。

④　3D效果的窗口切换

3D效果的窗口切换是Windows 7特有的功能，使用该功能可以使窗口切换起来更立体和美观。

当按下Win+Tab组合键后，可看到如右图所示的切换效果，所有窗口都以3D效果层叠显示，反复按Tab键可让窗口从后向前滚动，松开Tab键即可切换到位于最前面的窗口。

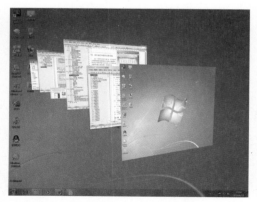

2.2.4　排列多个窗口

当打开了多个窗口时，为了方便对窗口中的内容进行对照、查看和管理，可以将窗口按照一定的方式进行排列。排列窗口包括层叠窗口、堆叠显示窗口和并排显示窗口3种。

光盘同步文件

同步视频文件：光盘\同步教学文件\第2章\2-2-4.mp4

① 选择"并排显示窗口"命令。

打开多个窗口，使窗口呈最大化或还原状态，❶鼠标指向任务栏的空白处后单击右键；❷在弹出的快捷菜单中单击排列方式，如"并排显示窗口"，如下图所示。

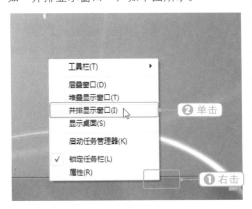

② 显示并排窗口。

设置了并排显示窗口后，处于非最小化的窗口将呈左右并排显示，方便用户对窗口进行查看和管理，效果如下图所示。

如何选择其他方式进行排列

知识加油站

如果在快捷菜单中单击"层叠窗口"命令，窗口将呈层叠状态显示；在快捷菜单中单击"堆叠显示窗口"命令，窗口将呈上下并排显示。当鼠标指向任务栏时，必须将指针指向任务栏的空白处，否则无法弹出相关的菜单命令。

2.2.5 查看窗口中的图标

打开窗口后，默认情况下，窗口中图标的显示方式为详细信息，我们可以通过改变图标的显示方式来方便查看窗口中的图标。例如，将窗口中的图标显示方式设置为大图标，这样，中老年朋友就可以轻松查看了，具体操作方法如下。

光盘同步文件

同步视频文件：光盘\同步教学文件\第2章\2-2-5.mp4

打开调整列表。

打开要查看的窗口，单击工具栏右侧的"更多选项"按钮 右侧的下拉按钮，如下图所示。

② 拖动滑块进行调整。

打开调整列表，拖动列表中的滑块到"大图标"位置，即可将窗口中的图标调整为大图标显示状态，如下图所示。

2.2.6 预览图标内容

窗口中还提供了预览窗口中图标的功能，使用这项功能可以在不启动程序的情况下预览文件内容或预览图片。

光盘同步文件

同步视频文件：光盘\同步教学文件\第2章\2-2-6.mp4

① 打开预览窗格。

打开要预览的窗口，单击工具栏右侧的"显示预览窗格"按钮 ，如下图所示。

② 预览图标内容。

单击要预览的图标，在右侧预览窗格中即可显示图标内容，如下图所示。

2.2.7 关闭窗口

当不再需要使用当前打开的窗口时，可以单击窗口标题栏中的"关闭"按钮将窗口关闭。关闭窗口后，任务栏中对应的窗口按钮也会消失。

光盘同步文件

同步视频文件：光盘\同步教学文件\第2章\2-2-7.mp4

当把鼠标指针指向任务栏上的窗口缩略图标时，将会弹出横向预览窗口。除了预览功能外，用户还可以通过预览窗口对程序进行切换和关闭。单击目标窗口对应的预览图标，窗口即可变为当前活动窗口。单击预览图标右上角的关闭按钮即可关闭对应窗口，如下图所示。

我们也可以通过单击右键，在快捷菜单中关闭窗口。例如在任务栏的横向预览窗口中指向要关闭的程序后单击右键，在弹出的快捷菜单中单击"关闭"命令。

如果打开了多个窗口，❶可以右击任务栏中的相应程序图标；❷在弹出的跳转列表中单击"关闭所有窗口"命令，即可将与该程序相关的所有窗口关闭，如右图所示。

2.2.8 使用"摇一摇"清理桌面窗口

这是Windows 7新增的一个实用而有趣的功能，用于在打开多个窗口后，快速将当前窗口之外的其他窗口全部隐藏到任务栏，从而快速将凌乱的桌面清理整齐。

我们在使用电脑时，如果一段时间内仅需要对当前窗口进行操作，而暂时不会操作其他窗口，就可以把当前窗口"摇一摇"，让不用的窗口全部隐藏起来。

光盘同步文件

同步视频文件： 光盘\同步教学文件\第2章\2-2-8.mp4

　　顾名思义，"摇一摇"就是拖动要保留的窗口在屏幕中左右快速晃动几下，方法如下图所示。

2.3 设定好自己的任务栏

　　任务栏是Windows 7中的重要操作区，我们在电脑中使用各种程序时，能够通过任务栏来切换程序、管理窗口以及了解系统与程序的状态等。在以往的版本中，任务栏的结构基本是一成不变的，而在Windows 7操作系统中，任务栏不仅变得更加灵活，而且作用也更加多样化。

2.3.1 调整任务栏的程序按钮

　　Windows 7任务栏左侧显示了一些常用按钮，单击按钮就可以快速启动对应的程序，打开程序后，还可以通过程序按钮来切换窗口。我们可使用图标对窗口进行还原到桌面、切换以及关闭等操作。单击这些图标即可打开对应的应用程序，图标也转换为按钮外观，这样能够很容易地分辨出未启动程序的图标和已运行程序窗口按钮的区别，如下图所示。

　　我们还可以根据使用需要来调整程序图标的顺序，在任务栏中选择要调整的图标，按住鼠标左键不放拖动到任务栏的目标位置，松开鼠标即可，效果如下图所示。

2.3.2 调整任务栏位置

任务栏默认是位于屏幕最下方的，中老年朋友可以根据自己的喜好，将任务栏移动到屏幕的左侧、右侧或者顶部，具体操作方法如下。

光盘同步文件
同步视频文件：光盘\同步教学文件\第2章\2-3-2.mp4

① 打开任务栏和「开始」菜单属性。

❶ 在任务栏空白处单击右键；**❷** 在弹出的快捷菜单中，单击"属性"命令，如下图所示。

② 设置任务栏位置。

❶ 在"屏幕上的任务栏位置"下拉列表中选择任务栏位置，如"右侧"；**❷** 单击"确定"按钮即可设置任务栏的位置，如下图所示。

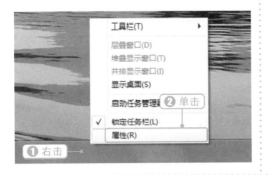

2.3.3 设置任务栏图标显示方式

默认情况下，Windows 7任务栏的按钮仅显示"图标"外观（始终合并、隐藏程序名称），这是为了节省空间，从而容纳更多的图标。而对于中老年朋友来说，为了操作方便，我们可以将图标设置为不合并，打开的所有程序和文件的图标都直观地显示在任务栏上，具体操作方法如下。

光盘同步文件
同步视频文件：光盘\同步教学文件\第2章\2-3-3.mp4

① 打开任务栏和「开始」菜单属性。

❶在任务栏空白处单击右键；**❷**在弹出的快捷菜单中，单击"属性"命令，如下图所示。

② 设置图标显示方式。

❶在"任务栏按钮"下拉列表中选择"从不合并"选项；**❷**单击"确定"按钮，如下图所示。

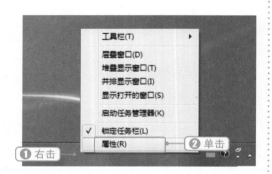

2.3.4 自定义通知区域

通知区域位于任务栏最右侧，显示系统时间、系统状态以及一些特定程序如QQ、杀毒软件之类的通知图标，用户可以根据使用需要来调整通知区域中图标的显示与隐藏，具体操作方法如下。

光盘同步文件

同步视频文件：光盘\同步教学文件\第2章\2-3-4.mp4

① 打开属性设置对话框。

用上面的方法打开"任务栏和「开始」菜单属性"对话框，单击"通知区域"右侧的"自定义"按钮，如右图所示。

② 设置显示图标和通知。

❶ 在列表中单击要显示在通知区域的程序名称右侧的下拉按钮；❷ 选择"显示图标和通知"选项；❸ 单击"确定"按钮，如右图所示。

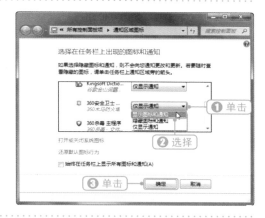

 **根据需要设置Windows**

Windows 7系统中为我们提供了许多系统设置组件，中老年朋友可以根据自己的需要设置自己喜欢的系统风格。

2.4.1 查看和设置系统日期与时间

在Windows系统中，屏幕左下角显示有日期和时间，便于我们在使用电脑过程中查看。通过单击时间区域，中老年朋友还可以进一步查看一年中任何一天的日期，同时也可以修改它，具体操作方法如下。

 光盘同步文件

同步视频文件：光盘\同步教学文件\第2章\2-4-1.mp4

① 打开"日期与时间"对话框。

❶ 单击任务栏通知区域的时间区域；❷ 单击时间和日期框中的"更改日期和时间设置"链接，如右图所示。

② 打开"日期与时间设置"对话框。

弹出"日期和时间"对话框，单击"更改日期和时间"按钮，如下图所示。

③ 修改日期与时间。

打开"日期和时间设置"对话框，**①** 在"日期"列表框中选择年、月、日；**②** 在"时间"数值框中设置时、分、秒；**③** 设置完毕后单击"确定"按钮即可，如下图所示。

2.4.2 设置电脑屏幕分辨率

一般情况下，Windows 7会自动设置显示器的分辨率，但有时也需要手动设置，如将电脑外接到其他显示器或者电视机上，这时就需要根据情况来进行调节。听起来很麻烦，操作起来却很简单，不需要儿女帮助，中老年朋友自己就可轻松胜任，具体操作方法如下。

 光盘同步文件

同步视频文件：光盘\同步教学文件\第2章\2-4-2.mp4

① 打开屏幕分辨率窗口。

① 在桌面空白处单击右键；**②** 单击"屏幕分辨率"命令，如右图所示。

② **设置分辨率。**

打开"屏幕分辨率"窗口，❶设置相应分辨率；❷单击"确定"按钮，如右图所示。

2.4.3 更改屏幕上的文字大小

对于上了年纪的中老年朋友来说，如果屏幕上显示的文字太小，往往会看不清楚。Windows提供了3种规格的文本大小，以方便不同需求的用户选用。我们可以根据自身情况设置屏幕文本大小，具体操作方法如下。

光盘同步文件

同步视频文件：光盘\同步教学文件\第2章\2-4-3.mp4

① **打开"个性化"窗口。**

❶在桌面空白处单击右键；❷单击"个性化"命令，如右图所示。

② **打开"显示"窗口。**

打开"个性化"窗口，单击窗口左侧的"显示"链接，如下图所示。

③ **设置文本大小。**

❶选中相应的单选按钮；❷单击"应用"按钮，如下图所示。

④ **注销并重新登录。**

此时需要注销账户并重新登录才能使设置生效，单击"立即注销"按钮，然后重新登录系统即可，如右图所示。

2.4.4 设置电脑"轻松访问"

随着年龄的增长，中老年朋友的手脚不像年轻时那么灵便了，视力与听力也有不同程度的下降，这给我们使用电脑带来了一定的困难。不过，我们可以通过相应的设置，使电脑更加便于中老年群体使用，具体操作方法如下。

光盘同步文件

同步视频文件：光盘\同步教学文件\第2章\2-4-4.mp4

① **打开"控制面板"窗口。**

❶单击"开始"按钮；❷单击"控制面板"命令，如下图所示。

② **使用Windows建议的设置。**

在"控制面板"窗口中，单击"轻松访问"栏下的"使用Windows建议的设置"链接，如下图所示。

③ **进行视力设置。**

在"视力"设置窗口中选择相应选项，❶如勾选"照明条件使我很难看清监视器上的图像"复选框；❷单击"下一步"按钮，如右图所示。

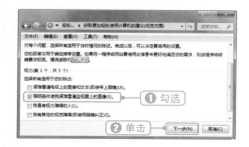

④ 进行灵活性设置。

在"灵活性"设置中选择相应选项，❶如勾选"身体条件影响使用手臂、手腕、手或手指"复选框；❷单击"下一步"按钮，如下图所示。

⑤ 进行听力设置。

在"听力"设置中选择相应选项，❶如勾选"我听力不好"复选框；❷单击"下一步"按钮，如下图所示。

⑥ 进行语音设置。

在"语音"设置中选择相应选项，❶如勾选"对话时其他人很难理解我（但不是因为口音）"复选框；❷单击"下一步"按钮，如下图所示。

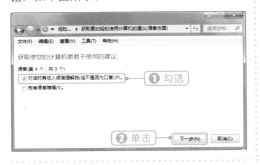

⑦ 进行记忆力设置。

在"智力"设置中选择相应选项，❶如勾选"我的记忆力不太好"复选框；❷单击"完成"按钮，如下图所示。

⑧ 选择推荐设置。

在"推荐设置"窗口中选择相应选项，❶如勾选"启用放大镜"复选框；❷单击"确定"按钮，重新登录即可生效，如右图所示。

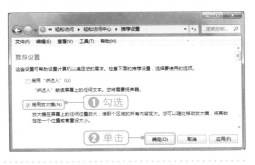

2.4.5 设置电源计划节省电量

一些中老年朋友总是担心电脑太耗电，其实，Windows 7操作系统中内置了一些电源管理方案，通过这些方案，可使电脑在能源消耗方面有所侧重。用户可随时改变当前电源计划，其具体操作方法如下。

光盘同步文件

同步视频文件：光盘\同步教学文件\第2章\2-4-5.mp4

① 打开"系统和安全"窗口。

单击"开始"→"控制面板"命令，打开"控制面板"窗口，单击"系统和安全"链接，如下图所示。

② 打开"电源选项"窗口。

打开"系统和安全"窗口，单击"电源选项"链接，如下图所示。

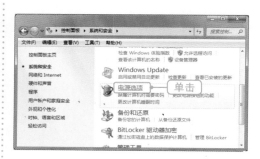

③ 设置电源计划。

选择一种电源计划，❶如选中"节能"单选按钮；❷单击"更改计划设置"链接，如下图所示。

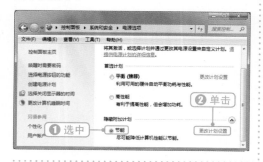

④ 编辑计划设置。

❶分别设置显示器的关闭时间与电脑进入睡眠的时间；❷单击"保存修改"按钮，如下图所示。

中老年人打字不再犯难

Chapter 03

本章导读

对于中老年朋友来说，汉字输入也是必须要掌握的一项技能。目前，汉字输入的方法包括键盘输入、手写板输入等多种方式。本章将为中老年朋友介绍汉字输入的基础操作、常用拼音输入法和五笔字型输入法的使用等内容。

知识技能要求

通过本章内容的学习，读者应该学会使用不同输入方式输入汉字的方法及相关操作。学完后需要掌握的相关技能知识如下。

❖ 了解键盘的布局和手指的分工
❖ 了解电脑打字的正确姿势
❖ 掌握输入法的选择与切换方法
❖ 掌握拼音输入法的使用方法
❖ 掌握五笔输入法的使用方法
❖ 了解使用手写板输入汉字的方法
❖ 掌握使用金山打字通练习打字的方法

 **正确使用键盘**

电脑操作离不开文字输入，对于中老年朋友来说，输入文字也是非常重要的学习内容。在学习打字之前，我们首先来认识一下文字的主要输入工具——键盘。

3.1.1 键盘的组成

根据按键数目的不同，键盘也分为很多种，既有不含数字键盘的紧凑型键盘，也有包括各种功能键的多媒体键盘。但不管是哪种类型的键盘，主要按键在键盘上的排列方式都是大致相同的，在使用方法上也不会有太大的差别。标准键盘一般由4个键位区组成，分别是功能键区、主键盘区、控制键区和数字键区。键盘的组成外观大致如下图所示。

组　　成	作　　用
功能键区	功能区包含了取消功能键Esc，F1～F12共12个功能键，有的还包括电源管理键。使用功能键可以快速完成一些操作，其在不同的应用环境下，各自的功能也有所不同
主键盘区	主键盘区是键盘上最重要的区域，也是使用最频繁的一个区域，它主要用来输入数据、文字字符等内容，包括字母键、数字符号键、控制键、标点符号键及一些特殊键
控制键区	控制键区位于主键盘区与数字键区的中间，它集合了光标进行定位的相关功能键及屏幕控制键
数字键区	数字键区位于键盘的最右侧，共由17个键组成，包括数字键和运算符号键

问：为什么有些键有上下两种符号？

疑难解答 **答：**在键盘上有些按键印刷了上下两个字符，这种按键叫作双字符键，它默认输入的是按键下方标识的字符。那么该如何输入按键上方的字符呢？其实很简单，只需在输入时同时按下Shift键即可。

3.1.2 键盘常用功能键的作用

键盘中，除了需要我们熟悉数字键和字符键外，还有一些特殊功能键需要掌握。掌握这些功能键的使用，也是学习键盘操作的必备技巧。

1 功能键区

使用功能键可以快速完成一些操作，如按F1键，通常情况下可以快速打开正在使用软件的帮助文档；如果键盘上具有电源管理键，则按Power键可以快速关机；按Sleep键可以让电脑快速进入睡眠节能状态；按Wake Up键可以快速唤醒电脑。

2 主键盘区

除了常用的字母与数字按键外，主键盘区还有一些重要的功能键，其作用及含义如下。

按 键	作 用
Tab	**制表定位键**：在进行文字输入时，按下此键，光标向右移动一个制表位的距离，可以实现光标的快速移动
Caps Lock	**大写锁定键**：按下此键，在指示灯区域有一个灯亮，键盘锁定为大写字母输入状态，此时所输入的英文字母为大写；反之，再按下此键，指示灯熄灭，输入的英文字母为小写
Shift	**上档键**：键盘上左右各一个，功能作用完全相同。按住此键不放再按一个字母键，则输入此字母的大写字母；按住此键不放再按下双字符键，则输入的是这些键位的上面字符
	空格键：键盘上最长的键，键上无任何符号。此键主要有两个功能：一是用来输入空格；二是在某些输入法中输入汉字时，按下空格键表示编码输入结束
Back Space	**退格键**：在编辑文字内容时，按下此键可以删除光标左侧的字符，光标同时向左移一个字符的位置
Enter	**回车键**：主要有两个作用，一是确认当前命令并执行；二是在输入文字内容时换段
	开始菜单键：左右各有一个，当电脑启动到Windows桌面后，按下该键将会打开"开始"菜单
	对象快捷菜单键：按下该键，将会弹出对象的快捷操作菜单，等同于鼠标右键的使用

疑难解答

问：在主键盘区中，左右两边都有Ctrl、Alt键，有什么区别和作用呢？

答： Ctrl、Alt（控制键）在键盘上左右各一个，常与其他键组合使用，单独使用没有任何意义，在不同的软件中有不同的功能定义，例如，按Ctrl+C组合键表示复制功能，按Alt+F4组合键表示关闭窗口的功能。

③ 控制键区

该区内的按键功能都与光标和屏幕操作有关，具体作用如下、

按　键	作　用
Print Screen Sys Rq	**屏幕信息复制键**：按下该键，可将当前屏幕上的信息进行复制，然后可通过"粘贴"命令将信息复制出来
Scroll Lock	**屏幕滚动锁定键**：按下此键，在指示灯区域有一个灯亮，此时按上、下键滚动时会锁定光标而滚动画面
Pause Break	**暂停执行键**：该键在DOS操作系统下用得比较频繁，按下该键，可以暂停当前正在运行的程序
Insert	**插入键**：在文字输入中，当该键有效时，输入的字符插入在光标出现的位置；当该键无效时，输入的字符将改写光标右边的字符
Delete	**删除键**：删除光标右侧的字符，按一下删除键，删除右侧字符后光标位置不会改变
Home	**行首键**：在文字处理软件环境下，按一下该键，可以使光标回到一行的行首；在移动的时候，只是光标移动，而汉字不会动。如果按Ctrl+Home组合键，则会将光标快速移动到文章的开头
End	**行尾键**：这个键的作用与Home键刚好相反。在文字处理软件环境下，按一下该键，光标将移动到本行行尾。如果按Ctrl+End组合键，则会将光标快速移动到文章的末尾
Page Up	**向上翻页键**：在文字编辑环境下，按一下该键可以将文档向前翻一页，如果已达到文档最顶端，则按此键不起作用
Page Down	**向下翻页键**：与Page Up键的功能相反。按一下该键，会向后翻一页，如果已达到文档最后一页的位置，则按此键不起作用
↑ ← ↓ →	**光标移动键**：分别向上、下、左、右移动光标

疑难解答

问：为什么数字键区的数字有时无法输入呢？

答： 数字键盘区有一个Num Lock键，该键专门用于对数字键盘区中的数字键进行锁定。当按下此键，在该键上面的指示灯区中有一个指示灯亮，表示可以通过该键盘区中的数字键来输入数字。如果该键对应的指示灯不亮，则无法输入该区中的数字。

3.1.3 手指的正确分工

在进行电脑打字时，使用最多的还是主键盘区。中老年朋友要注意，若要快速有效地操作键盘，其手指的分工很重要。

① 基准键位

为了规范操作，在主键盘区划分了一个区域，称为基准键位区。准备打字时，除拇指外其余的8个手指分别放在基本键上，拇指放在空格键上，手指与键位一一对应，如下图所示。

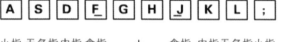

② 指法分工

每个手指除了指定的基本键外，还分工有其他字键，称为它的范围键。其中黄色的键位由小手指负责，红色的键位由无名指负责，蓝色的键位由中指负责，绿色的键位由食指负责，紫色的空格键由大拇指负责。

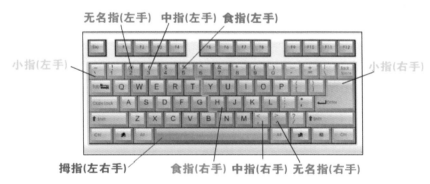

③ 打字规则

我们在输入键盘内容时，将手指放于基准键位上，当要敲其他键时，手指就需要从基准键位上抬起并移动到对应的键位上方再敲该键。手指敲键时应遵守如下规则。

- 敲键前，将双手轻放于基准键位上，左右拇指轻放于空格键位上。
- 手掌以腕为支点略向上抬起，手指保持弯曲，略微抬起，用指头敲键，注意一定不要用指尖敲键。敲键动作应轻快、干脆，不可用力过猛。
- 按键盘时，只有击键手指才做动作，其他不相关手指放基准键位不动。

- 手指敲完键后，马上回到基准键位区的相应位置，准备下一次敲键。
- 当要敲其他键位时，手指从基准键位出发去敲打其他键位。每个手指都有自己负责敲打的键位，在敲键时都是各司其职、互不干扰。在敲键时必须保证每个手指都只击打自己负责的键位，不能越位击键。

3.1.4 电脑打字的正确姿势

我们在第1章里已经讲解了电脑的正确使用姿势，下面详细介绍在打字时应注意的事项。使用电脑打字时，必须注意正确的姿势。如果姿势不对，坐久了就容易感到疲劳，影响思维和输入速度。电脑打字应注意以下几点。

- 使用专门的电脑桌椅，电脑桌的高度以坐姿到达自己胸部为准。座椅应可以调节高度。
- 身体背部挺直，稍偏于键盘左方并微向前倾，双腿平放于桌下，身体与键盘的距离为10～20cm。
- 眼睛的高度应略高于显示器15°～20°、眼睛与显示器距离为30～40cm。显示器应放置于键盘正后方。
- 两肘轻轻贴于腋窝下边，手指轻放于规定的字母键上，手腕平直，两肩自然下垂。
- 手指保持弯曲、形成勺状放于键盘上，两食指总是保持在左食指"F"键、右食指"J"键的位置。

健康使用电脑

中老年朋友在操作电脑时，当持续时间达到45分钟时，应该稍作休息，可以采用远眺、做眼保健操等方式减轻眼睛的疲劳程度。

3.2 安装与设置汉字输入法

在电脑中输入英文字符，可以使用键盘直接输入，如果要输入汉字，就必须使用相应的输入法程序。新安装的操作系统中已经自带有中文输入法，中老年朋友也可以根据自己的使用习惯在电脑中安装需要的输入法。当然，也可以将电脑中不经常使用的输入法删除。

3.2.1 安装外部输入法

　　Windows操作系统中已经内置多种输入法，中老年朋友可以选择这些输入法来输入汉字。虽然这些输入法可以满足正常的文字输入，但词库比较小，联想词更新得也不及时，此时我们可以安装功能更强大的外部输入法。

　　用户可通过下载或从别处复制的方式获取输入法的安装程序。在电脑中找到并双击输入法的安装程序即可开始安装。下面就以安装QQ拼音输入法为例进行介绍，具体操作方法如下。

光盘同步文件

同步视频文件：光盘\同步教学文件\第3章\3-2-1.mp4

① 开始安装。

　　双击安装程序后，在打开的对话框中，单击"下一步"按钮，如下图所示。

② 接受授权协议。

　　打开"授权协议"对话框，单击"我接受"按钮，如下图所示。

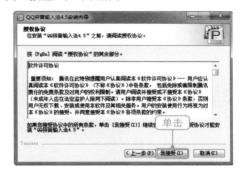

③ 设置安装位置。

　　❶ 设置文件的安装位置；❷ 单击"安装"按钮，如下图所示。

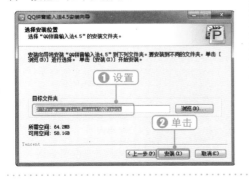

④ 完成安装。

　　在"安装完成"对话框中，单击"完成"按钮，如下图所示。

3.2.2 选择与切换输入法

一般情况下，系统中安装的输入法不止一种，中老年朋友要使用某种输入法时，就必须先切换到该输入法，然后才能输入文字。下面我们来看看如何在电脑中选择和切换输入法，具体操作方法如下。

 光盘同步文件

同步视频文件：光盘\同步教学文件\第3章\3-2-2.mp4

❶单击任务栏右侧通知区域的输入法指示器按钮🖮；❷在弹出的列表中单击需要的输入法，如"QQ-拼音输入法"，操作如右图所示。

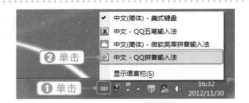

知识加油站 **通过键盘切换输入法**

　　除了通过鼠标选择输入法以外，也可以通过组合键在不同的输入法之间进行切换，系统默认的输入法切换组合键为Ctrl+Shift，在中英文之间切换可按Ctrl+空格键。

3.2.3 添加/删除输入法

系统中包含的输入法并没有全部显示在输入法列表中，我们可根据自己的使用习惯，在系统自带的输入法列表中添加自己要使用的输入法；也可以将不再使用的输入法从列表中删除。对于中老年朋友来说，输入法列表中只保留一两种常用输入法就可以了。

 光盘同步文件

同步视频文件：光盘\同步教学文件\第3章\3-2-3.mp4

① 添加输入法

我们可以通过"文本服务和输入语言"对话框来添加输入法，具体操作方法如下。

① 打开语言栏的快捷菜单。

❶鼠标指向输入法指示器按钮🖮后单击右键；❷在弹出的快捷菜单中单击"设置"命令，如右图所示。

② 打开"添加输入语言"对话框。

在打开的对话框中单击"添加"按钮，如下图所示。

③ 选择要添加的输入法。

打开"添加输入语言"对话框，❶勾选要添加的输入法；❷单击"确定"按钮，如下图所示。

2 删除输入法

对于用不到的输入法，我们可以将其从输入法列表中删除，以方便切换输入法和节省资源。删除输入法的方法如下。

打开"文本服务和输入语言"对话框，❶在列表中单击要删除的输入法；❷单击"删除"按钮；❸单击"确定"按钮，即可删除选择的输入法，如右图所示。

问：删除的输入法是否彻底从电脑中删除了？

疑难解答

答： 通过这种方法删除的输入法仍然存在于系统中，用户可随时通过添加的方式恢复，对于一些额外安装的第三方输入法，只有通过其自带的卸载程序进行卸载，才会彻底从系统中清除。

简单易学的拼音输入法

前面讲解了输入法的管理方法，下面来为中老年朋友介绍使用拼音输入法输入汉字的方法。拼音输入法是目前使用最多的汉字输入法，只要是熟悉汉语拼音的用户，就能够很快学会并掌握拼音输入法。

3.3.1 常见拼音输入法介绍

现在市面上的拼音输入法多种多样，其功能也各有千秋，中老年朋友可根据自己的喜好进行选择，下面就介绍几款常见的拼音输入法。

1 搜狗拼音输入法

搜狗拼音输入法是由搜狐公司推出的一款汉字拼音输入法。搜狗拼音输入法是基于搜索引擎技术的、特别适合网民使用的新一代输入法产品。它具有网络新词、快速更新、整合符号、笔画输入、手写输入、输入统计、输入法登录、个性输入、细胞词库及截图等功能，如右图所示。

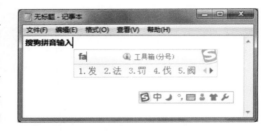

2 谷歌拼音输入法

谷歌拼音输入法是由谷歌公司研发的，该输入法具有智能输入、时尚语汇、个性定制、丰富扩展及多彩体验等五大特色，如右图所示。

- **智能输入**：选词和组句准确率高，能聪明地理解用户意图，短句长句，随想随打。
- **时尚语汇**：海量词库整合了互联网上的流行语汇和热门搜索词。
- **个性定制**：将使用习惯和个人字典同步在Google账号，并可主动下载最符合用户习惯的语言模型。
- **丰富扩展**：提供扩展接口，允许广大开发者开发和定义更丰富的扩展输入功能。

- **多彩体验**：在重要节假日、纪念日显示Google风格的徽标，其输入仪表盘还可以实时显示准确率、速度等参数。

3 QQ拼音输入法

QQ拼音输入法是由腾讯公司开发的一款汉语拼音输入法软件。与大多数拼音输入法一样，QQ 拼音输入法支持全拼、简拼、双拼3种基本的拼音输入模式。QQ输入法具有皮肤精美、输入速度快、词库丰富、用户词库网络迁移、智能整句生成及表情个性等功能，如右图所示。本节的输入操作就以QQ拼音输入法为例进行介绍。

3.3.2 输入单字

在拼音输入法中，输入单字很简单，只需输入单字的拼音，然后按对应数字键选择需要的单字即可，如在记事本中输入单字："学"，具体操作方法如下。

光盘同步文件
同步视频文件：光盘\同步教学文件\第3章\3-3-2.mp4

① 启动记事本程序。

● 单击"开始"菜单按钮；② 在"所有程序"中展开"附件"命令；③ 单击"记事本"命令，如下图所示。

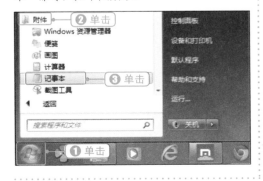

② 切换至QQ拼音输入法。

● 单击任务栏中的键盘图标；② 单击"中文-QQ拼音输入法"命令，如下图所示。

输入单字。

❶ 输入该字的拼音"xue"，在候选栏中即会出现此读音的单字；❷ 直接按"1"键或空格键，即可将需要的单字打出来，如右图所示。

3.3.3 输入词组

拼音输入法输入词组的效率比较高，只需在输入时持续输入词组的全部拼音，在候选栏选择相应的词组即可，如在记事本中输入词组："学习"，具体操作方法如下。

光盘同步文件
同步视频文件：光盘\同步教学文件\第3章\3-3-3.mp4

❶ 输入该词的拼音"xuexi"，在候选栏中即会出现此读音的词组；❷ 直接按"1"键或空格键，即可将需要的词组打出来，如右图所示。

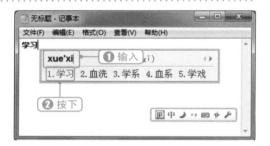

用空格键选择候选词

知识加油站　　　如果候选单字或词组在第一位，则可直接按空格键使其上屏，这样可以节省选字时间，提高打字效率。

3.3.4 输入语句

使用拼音输入法输入语句可以大大提高输入速度，只需在输入时持续输入语句的全部拼音，在候选栏选择相应的选项即可，如在记事本中输入语句："学习电脑知识"，具体操作方法如下。

光盘同步文件
同步视频文件：光盘\同步教学文件\第3章\3-3-4.mp4

❶ 输入拼音"xuexidiannaozhishi"，在候选栏中即会出现此读音的语句；❷ 直接按"1"键或空格键，即可将需要的语句打出来，如右图所示。

使用简拼输入

　　如果是常用语句，可只输入语句的声母部分，如"xxdnzs"，也可打出需要的词组，这种输入方式称作简拼。使用简拼可以加快中老年朋友的输入速度。在许多拼音输入法中，简拼与全拼可以混合使用。

3.4　拼音不熟就用五笔输入法

　　许多中老年朋友对拼音不太熟悉，使用拼音输入法输入汉字颇为不便，此时我们可以使用五笔输入法来输入汉字。

　　五笔输入法属于形码编码输入法，只跟字型、笔画、字根有关系，不需要掌握拼音中的声母和韵母等。经过不断地更新和发展，现在的五笔输入法使用起来具有输入速度快、效率高、重码少、字词兼容和容易实现盲打等优点。下面我们就来学习五笔输入法的相关知识。

3.4.1　五笔基础知识

　　之所以叫作五笔输入法，是因为它是根据汉字的5种基本笔画横（一）、竖（丨）、撇（丿）、捺（㇏）、折（乙）的原理，将汉字拆分为字根来输入汉字的。

　　在五笔字型的汉字输入法中，汉字具有3个层次，分别为笔画、字根与汉字。由5种基本笔画组成不同的字根，再由相关字根即可组成汉字。这就是五笔字型中汉字的3种层次结构。

❶ 笔画

　　笔画是书写汉字时一次写成的一个连续不断的线段。在五笔字型输入法中，按照汉字笔画的定义，只考虑笔画的运算方向，而不计其轻重长短，把笔画分为5种：横、竖、撇、捺、折。为了便于记忆和应用，并根据它们使用概率的高低，依次用1、2、3、4、5作为代号，代表上述5种笔画，如下表所示。

五种基本笔画

笔画	笔画走向	特殊笔画	数字代码
横	左→右	一（提笔"ㄥ"归为横）	1
竖	上→下	｜（竖左钩"亅"归为竖）	2
撇	右上→左下	丿	3
捺	左上→右下	乀（点"、"归为捺）	4
折	所有带转折的笔画	乙 乛 ㄥ 亅 ㄱ ㄥ 弓 ㄅ	5

② 字根

由若干笔画交叉连接而形成的相对不变的结构，就叫作字根，如：日、月、亻、一、氵、女、竹、青、丷、小、大、刀、小、ㄋ、乙等。字根可以是汉字的偏旁部首，也可以是部首的一部分，甚至可以是笔画。

五笔字型编码方案从大量的字根中优选出130多个使用频率相对较高的字根，作为基本字根，将130个基本字根按照五笔字型组字频度与实用频度，在形、音、意方面进行归类，将其合理地分布在键位A～Y共计25个英文字母键上，这就构成了五笔字型的字根键盘，如下图所示。

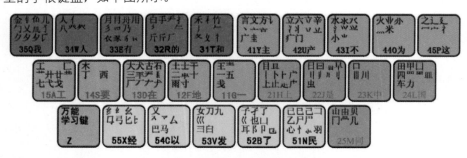

③ 汉字的字根结构

五笔字型输入法认为汉字是由字根按照一定的顺序来组合的，不同的字根在组成不同的汉字时，字根与字根之间的结构是多种多样的。为了方便学习，五笔字型输入法里将这些结构按照一定的规律统一划分成单、散、连、交4种结构。

（1）单结构

单结构是指基本字根本身单独就构成一个汉字，键名和成字字根都属于此类，例如："金"、"马"、"古"、"九"、"之"、"西"等字根。

（2）散结构

散结构是指构成汉字的基本字根之间隔着一定的距离，例如："脑"、"记"、"位"、"姓"、"作"、"邮"、"格"等。

（3）连结构

连结构是指一个单笔画连一个基本字根这种结构，基本笔画可在基本字根之前，也可以在基本字根之后，例如："户"、"升"、"千"、"卫"等。

（4）交结构

交结构是指组成汉字的字根相互之间交叉相交，这类汉字有一个显著的特点，字根与字根之间一定没有距离，例如："电"、"里"、"失"、"夷"等字，这类汉字的字型都属于杂合型。

4 五笔汉字的3种字型结构

一个汉字可以拆分为若干个字根。从各字根间的关系来看，可以把汉字分为3种类型：即左右型、上下型、杂合型。按照各种类型拥有汉字的多少从1～3给以代号，如下表所示。

字　型	图　示	例　字	数字代码
左右型	▯▮ ▯▮ ▯▮ ▯▮	膜 湘 峰 渐 谈 树 封 根	1
上下型	▭ ▤ ▤ ▯	吕 若 罢 分 型 热 表 示	2
杂合型	▣ ▣ ▣ ▣	回 凶 连 司 乘 本 来 同	3

在上面的汉字结构中，最难区分的是杂合型结构的汉字。五笔中对于杂合型结构的汉字有如下特殊规定。

（1）内外型的汉字一律规定为杂合型，例如，周、延、困等汉字，每一个部分之间都是包围与被包围的关系，一律视为杂合型。

（2）单笔笔画与一个字根相连所构成的汉字规定为杂合型结构，例如，户、卫、自、万等汉字。

（3）一个基本字根与一个孤立点组成的汉字也规定为杂合型汉字，例如，刁、勺、太、术等汉字。

（4）几个基本字根交叉套叠之后构成的汉字规定为杂合型结构，例如，东、里、果、未、末等汉字。

3.4.2 汉字的拆分原则

我们在使用五笔输入法输入汉字前，首先要学会拆分汉字，即把汉字分解成几个独立的字根。而在拆分汉字的字根时，并不是随心所欲想怎么拆就怎么拆，在拆分的时候，需要遵循五笔汉字的拆分原则。

① 拆分出的字根必须是基本字根

"基本字根"就是指键盘字根表中的字根。在拆分汉字的时候，一定要看清楚拆出来的部分究竟是不是字根，如果拆出来的字根在字根表中都找不到，那么，很有可能这种拆分方法就是错误的。

如在拆分汉字"俄"字时，将"俄"字拆分成"亻"和"我"，"亻"可以在字根表中找到，而"我"肯定在字根表中找不到。因为"我"不是基本字根，所以这种拆分方法肯定是错误的。正确的方法应该是拆分成 "亻"、"丿" 和 "扌"。

② "书写顺序"原则

按书写顺序拆分，是指按照从左到右、从上到下；全包围汉字书写时应从外到内，半包围汉字书写时应从内到外；拆分出的字根应为键面上有的基本字根。

例如：

按＝ 扌 ＋ 宀 ＋ 女　　（从左到右，左右型）
字 ＝ 宀 ＋ 子　　　　　（从上到下，上下型）
困 ＝ 囗 ＋ 木　　　　　（从外到内，杂合型）

③ "取大优先"原则

"取大优先"原则是在拆分汉字时，保证拆出的字根在字根表中是最大的字根。如果在拆分汉字时面临一个汉字有多种拆分方法，且每种拆分方法都保证了拆分出来的是基本字根，也是按书写顺序来拆分的，那么，拆分出尽可能大的字根，且拆分字根个数最少的拆分方法才是正确的。

④ "兼顾直观"原则

"兼顾直观"原则和"取大优先"原则是相通的，规定在拆分时笔画不能重复或是截断，尽量符合一般人的直观感受。通俗一点地讲就是要使每一个拆分出来的字根看起来不别扭。

⑤ "能散不连"原则

"能散不连"原则指的是如果一个汉字根既可以拆分成"散"的结构，又可以拆分成"连"的结构，我们就要把它统一拆分成"散"的结构。

6 "能连不交"原则

顾名思义，"能连不交"原则就是指能够拆分成相连接的字根就不拆分成互相交叉的字根。

例如"天"字既可以拆分成"一、大"，又可以拆分成"二、人"。如果拆分成"一、大"，两个字根就是相连的；如果拆分成"二、人"，两个字根就是相交的。根据"能连不交"原则，很显然我们要把它拆分成"一、大"。

3.4.3 键面字输入

了解和掌握了五笔输入法的相关基础知识后，那么重要的是掌握五笔汉字的输入方法。五笔汉字可分为键面字和键外字两大类。

所谓键面字就是指既是基本字根又是汉字的字。这类汉字就是字根表中成汉字的字根，如"王、西、力、心"等字。键面字又可以分为两类，一类是键名字，另一类是成字字根。

1 键名字的输入方法

所谓键名字就是指既是基本字根，又是每个字母键上第一个字根的汉字。键名字每个区都有5个，总共有25个，其分布如下图所示。

输入方法：连续敲该字根所在键4下。
举例如下：

输入编码：S S S S

输入编码：O O O O

输入编码：V V V V

输入编码：H H H H

答： 在输入键名字时，会发现有些键名字并不是都要敲4次所在键，有些只敲一次、两次或三次就会显示出键名字，这种就是后面所讲到的简码字。在输入时只要遇到这类键名字，按空格键即可快速输入。

② 成字字根的输入方法

所谓成字字根就是指每个键位上，除键名字以外成汉字的字根，如D键上的"三、古、厂"等字根，M键上的"几、由、贝"等字根。

输入方法：首先按下该字根所在键，叫作"报户口"，然后再按照该字根的笔画顺序，分别敲第一笔画、第二笔画和最后一个单笔画所对应的键位。如果该字根的笔画数不足3个，则后面用空格键补齐。

虫 虫 虫 虫 虫	寸 寸 寸 寸 寸
输入编码：报户口J 首笔画H 次笔画N 末笔画Y	输入编码：报户口F 首笔画G 次笔画H 末笔画Y
干 干 干 干 干	贝 贝 贝 贝 贝
输入编码：报户口F 首笔画G 次笔画G 末笔画H	输入编码：报户口M 首笔画H 次笔画N 末笔画Y

如何输入单笔画

如果要输入单笔笔画"一、丨、丿、丶、乙"，需要敲该笔画字根所在键两下，然后再加两个L键即可，例如"一"：GGLL ；"丨"：HHLL ；"丿"：TTLL ；"丶"：YYLL；"乙"：NNLL。

3.4.4 键外字输入

所谓键外字就是指由多个字根组成的汉字。这种汉字可以分为3种类型：汉字的字根个数刚好4个、汉字的字根个数多于4个和汉字的字根个数少于4个。

① 多于4个字根汉字的输入方法

输入方法：第一字根编码＋第二字根编码＋第三字根编码＋末字根编码

举例如下：

输入编码：第一字根D　第二字根G　第三字根K　末字根F

版

输入编码：第一字根T　第二字根H　第三字根G　末字根C

蹦

输入编码：第一字根K　第二字根H　第三字根M　末字根E

弊

输入编码：第一字根U　第二字根M　第三字根I　末字根A

② 刚好4个字根汉字的输入方法

由4个字根组成的汉字称为刚好四码汉字。

　输入方法：第一字根编码＋第二字根编码＋第三字根编码＋第四字根编码

举例如下：

输入编码：第一字根G　第二字根Q　第三字根T　第四字根O

堡　堡　堡　堡　堡

输入编码：第一字根W　第二字根K　第三字根S　第四字根F

荏　荏　荏　荏　荏

输入编码：第一字根A　第二字根D　第三字根H　第四字根F

浩　浩　浩　浩　浩

输入编码：第一字根I　第二字根T　第三字根F　第四字根K

3　不足4个字根的汉字输入

组成汉字的字根个数少于4个的汉字可以分为两种：一是汉字由两个字根组成；二是汉字由3个字根组成。

（1）两个字根的汉字

输入方法：第一字根编码＋第二字根编码＋空格（末笔交叉识别码）

举例如下：

安　安　安　

输入编码：第一字根P　第二字根V　空格

驰　驰　驰　

左右型

最后一笔为折

输入编码：第一字根C　第二字根B　第三字根N　空格

输入编码：第一字根B　第二字根H　空格

床床床

杂合型
最后一笔为捺

输入编码：第一字根Y　第二字根S　第三字根I　空格

（2）3个字根的汉字

输入方法：第一字根编码＋第二字根编码＋第三字根编码＋空格（末笔交叉识别码）

举例如下：

输入编码：第一字根U　第二字根Q　第三字根W　空格

皑皑皑皑

左右型
最后一笔为折

输入编码：第一字根R　第二字根M　第三字根N　识别码N

输入编码：第一字根S　第二字根D　第三字根M　空格

上下型
最后一笔为竖

输入编码：第一字根R　第二字根T　第三字根F　识别码J

在输入汉字时，首先将汉字拆分成一个一个单独的字根，然后再按书写顺序依次按下键盘上与字根对应的键，系统会根据输入字根组成的代码，在五笔字型输入法的编码库中检索出我们要打的汉字。

使用五笔输入法输入文字的步骤

知识加油站

总的来说，要用五笔字型输入法打字，必须按照下面的步骤来进行。
① 首先将汉字拆分成一个一个独立的字根。
② 其次找到每个字根在键盘上的对应键位。
③ 然后按书写顺序输入每个键的编码，就完成了打字的过程。

3.4.5 正确添加末笔交叉识别码

在上一小节中，我们遇到了末笔交叉识别码，在五笔输入法中，为了减少重码率，通过使用末笔交叉识别码可以准确标识汉字。例如，几个完全相同的字根，由于字根的位置不同而构成不同的汉字时（如"口"和"八"两字根可以构成"只"字，也可以构成"叭"字），就需要使用末笔交叉识别码来标识。

1 末笔交叉识别码的概念

所谓末笔交叉识别码是指用汉字末笔的笔画代码和该字的字型结构码组成的两位数字，十位上的数字与末笔画代码对应，个位上的数字与汉字的字型结构代码对应，把这个两位数看成是键盘上的区码与位码，该区位码所对应的英文字母键就是这个汉字的识别码。五笔汉字的末笔交叉识别码在键盘上的分布如下表所示。

结构 末笔笔画	左右型	上下型	杂合型
横区1	11 G	12 F	13 D
竖区2	21 H	22 J	23 K
撇区3	31 T	32 R	33 E
捺区4	41 Y	42 U	43 I
折区5	51 N	52 B	53 V

问：一般情况下，哪些字需要添加末笔交叉识别码？

疑难解答

答：只有少于4个字根的键外字，才需要添加末笔交叉识别码，并且，识别码只与上表中的15个键有关。其他键面字、多于4个字根的汉字与刚好4个字根的汉字，都不需要添加末笔交叉识别码。

② 正确添加末笔交叉识别码

为汉字添加末笔交叉识别码的方法如下：

第1步：末笔定区，根据该字的最后一笔笔画确定识别码在哪一个区。

第2步：结构定位，根据该字的结构确定识别码在该区的哪一个键上。

举例如下：

输入编码： 第一字根Y 第二字根P 第三字根E 识别码U

分析："豪"字末笔是捺，表示在第4区；结构是上下型，其代码为2，末笔交叉识别码键即是第4区的第2个键（U）。

输入编码： 第一字根M 第二字根T 识别码Y 空格

分析："败"字末笔是捺，表示在第4区；结构是左右型，其代码为1，末笔交叉识别码键即是第4区的第1个键（Y）。

③ 使用末笔交叉识别码的特殊规定

在五笔输入法中，为了简化输入，对某些汉字的末笔笔画进行了一些特殊规定，具体如下。

（1）对"辶、廴"做偏旁的字和全包围字（如国、因），它们的末笔规定为被包围部分的末笔。

汉字	末笔	汉字	末笔	汉字	末笔
连	连	圆	圆	延	延

（2）对"九、力、七、刀、匕"等字根，当它们参与"识别码"时一律用"折笔"作为末笔。

Chapter 01　Chapter 02　Chapter 03　Chapter 04　Chapter 05　Chapter 06　Chapter 07　Chapter 08

汉字	末笔	汉字	末笔	汉字	末笔
晃	晃	叻	叻	仇	仇

（3）对"咸、我、浅、成、茂"等相似形状的字，取末笔为"丿"。

汉字	末笔	汉字	末笔	汉字	末笔
我	我	咸	咸	浅	浅

（4）有些字单独带一个点，比如"刃、叉、头、太"等字，规定把"、"当作末笔。

汉字	末笔	汉字	末笔	汉字	末笔
太	太	叉	叉	刃	刃

4 汉字结构的特殊规定

另外，关于汉字的字型结构有以下规定。

（1）凡单笔画与字根相连或单点与一个字根所构成的汉字，均视为杂合型，如"万、尤、自"等汉字。

（2）字根相交的汉字为杂合型，如"果、未、末、本、东、丸"等汉字。

（3）带"走之"的汉字、内外型汉字都视为杂合型，如"连、延、国、母"等汉字。

（4）键面汉字不划分字型。

对于一些特殊笔画有如下规定。

（1）"提笔"视为横，如"地、珍、执、冲、物"等汉字的左部末笔均为"提"，视之为横。

（2）点均视为捺，如"文、寸、安、学"等汉字中的点一律视为捺。

3.4.6 通过简码字提高输入速度

简码就是简化了的编码。在五笔汉字中，某些汉字除了可以按它的全码来输入外，还可以输入它的一个、两个或者3个编码就可以打出来，这类汉字就是简码汉字。五笔字型共有3类简码汉字，分别是一级简码汉字、二级简码汉字和三级简码汉字。

1 一级简码

根据每一个键位上的字根形态特征，在5个区的25个键位上，每键安排一个使用频率较高的汉字，称为"一级简码"，即"高频字"。一级简码在键位上的分布如下图所示：

输入方法：简码汉字所在键 ＋ 空格

举例如下：

输入编码：简码所在键Q　　空格

输入编码：简码所在键L　　空格

2 二级简码

二级简码汉字就是用该汉字的前两个字根编码键加一个空格键作为该汉字的输入编码。五笔字型输入法挑选了一些比较常用的汉字作为二级简码的汉字。二级简码有600多个。

输入方法：第一字根编码 ＋ 第二字根编码 ＋ 空格

举例如下：

输入编码：第一字根K 第二字根B 空格

输入编码：第一字根J 第二字根D 空格

3 三级简码

三级简码是用单字全码中的前3个字根作为该字的输入编码。此类汉字输入时不能明显地提高输入速度，因为在打了三码后还必须打一个空格键，也需要按下4次键。但由于省略了最后的字根码或末笔交叉识别码，所以对于提高速度也有一定的帮助。

输入方法：第一字根编码 ＋ 第二字根编码 ＋ 第三字根编码 ＋ 空格

举例如下：

霸 霸 霸 霸 ▬

输入编码：第一字根F 第二字根A 第三字根F 空格

洗 洗 洗 洗 ▬

输入编码：第一字根I 第二字根T 第三字根F 空格

3.4.7 通过词组提高输入速度

在五笔字型输入法中，可以通过输入词组来提高打字速度。这些词组又分为二字词组、三字词组、四字词组及多字词组，所有词组的编码一律为4码。下面将分别介绍它们的输入方法。

1 二字词组的输入

具有两个汉字的词组，其输入规则如下：

第一个字的前两个字根编码 + 第二个字的前两个字根编码

举例如下：

阳光 阳 阳 光 光

输入编码：　　第一字根B　　第二字根J　　第三字根I　　第四字根Q

简陋 简 简 陋 陋

输入编码：　　第一字根T　　第二字根U　　第三字根B　　第四字根G

2 三字词组的输入

具有3个汉字的词组，其输入规则如下：

第一个字的第一字根编码 + 第二个字的第一字根编码 + 第三个字的前两个字根编码

举例如下：

吉祥物 吉 祥 物 物

输入编码：　　　第一字根F　第二字根P　第三字根T　第四字根R

收信人 收 信 人 人

输入编码：　　　第一字根N　第二字根W　第三字根W　第四字根W

③ **四字词组的输入**

具有4个汉字的词组，其输入规则如下：

第一个字的第一字根编码　+　第二个字的第一字根编码　+　第三个字的第一字根编码　+　第四个字的第一字根编码

举例如下：

家喻户晓 家 喻 户 晓

输入编码：　　　第一字根P　第二字根K　第三字根Y　第四字根J

④ **多字词组的录入**

具有多个汉字的词组，其输入规则如下：

第一个字的第一字根编码　+　第二个字的第一字根编码　+　第三个字的第一字根编码　+　最后一个字的第一字根编码

举例如下：

珠穆朗玛峰 珠 穆 朗 峰

输入编码：　　　第一字根G　第二字根T　第三字根Y　末字根M

Chapter 01

Chapter 02

Chapter 03

Chapter 04

Chapter 05

Chapter 06

Chapter 07

Chapter 08

疑难解答

问：词组中有键名字或简码字该怎么输入？

答： 在词组中，如果包含有键面汉字，如键名字（月）或成字字根（四），那么在取码时，按键名字或成字字根的录入规则来取即可。键名字与成字字根的取码规则相同，只是取码的个数不一样。

"手写"也能输入汉字

对于既不会拼音记忆力又不好的中老年朋友来说，还可以采用一些非键盘输入技术来输入汉字，如手写板输入、鼠标输入等。

3.5.1 使用手写板输入汉字

手写板一般是使用一支专门的笔，在特定的区域内书写文字，手写板将笔走过的轨迹记录下来，然后识别为文字。对于不喜欢使用键盘或者不习惯使用中文输入法的中老年朋友来说是非常有用的，因为使用它就不需要学习输入法了。

手写板一般都由两部分组成，一部分是与电脑相连的写字板，另一部分是在写字板上写字的笔，外观如下图所示。

要使用手写板在电脑中输入汉字，需要按以下几个步骤来进行操作。

❶ 将手写板的连接线一端连接到电脑的主机接口上，如USB接口。

❷ 启动电脑，将购买写字板配套的驱动程序光盘放入到光驱中，然后根据提示，正确安装好该写字板的驱动程序（如果是无驱手写板就不用安装驱动）。

❸ 安装好驱动程序后，启动手写识别系统，并打开文字处理程序，然后将输入法切换到手写状态，就可以使用手写笔写字了。

3.5.2 使用鼠标手写输入汉字

一些输入法内置了手写功能，通过该功能，中老年朋友使用鼠标就可以输入汉字，虽然输入速度慢一些，但不用学习和记忆，平时也能临时使用，其具体操作方法如下。

光盘同步文件

同步视频文件：光盘\同步教学文件\第3章\3-5-2.mp4

① 选择"手写"功能。

❶ 单击输入法状态条中的"工具箱"按钮🔧；❷ 单击"手写"按钮，如下图所示。

② 安装手写功能。

在打开的"QQ输入法手写输入"窗口中，单击"在线安装"链接，如下图所示。

③ 输入汉字。

❶ 在手写区域中用鼠标书写汉字；❷ 单击右侧窗格相应的按钮即可，如下图所示。

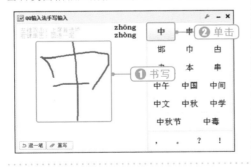

④ 显示输入的汉字。

此时，书写的汉字即在记事本中显示出来，继续书写其他汉字即可，如下图所示。

 # 使用金山打字通练习打字

金山打字通是一款功能齐全、数据丰富、界面友好并专门为初学者设计的指法练习及汉字输入练习的专业软件。通过金山打字通来练习键盘指法，可以让初学者更快地达到学习目的。

金山打字通主要包括新手入门、英文打字、拼音打字、五笔打字四大功能，同时还具有打字测试、打字教程、打字游戏、给力推荐四大模块。

3.6.1 登录金山打字通

在首次使用金山打字通时，用户需要注册一个昵称，以便保存自己的学习成果，具体操作方法如下。

光盘同步文件

同步视频文件：光盘\同步教学文件\第3章\3-6-1.mp4

① 登录账号。

在金山打字通主界面，❶单击"登录"按钮；❷单击"登录账号"按钮，如下图所示。

② 创建昵称。

在打开的登录界面中，单击"创建昵称"链接，如下图所示。

③ 输入昵称。

❶在"昵称名"文本框中输入昵称；❷单击"开始创建"按钮，如下图所示。

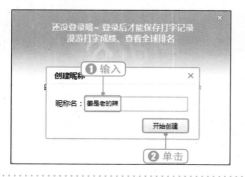

④ 完成登录。

创建完成后，❶输入昵称；❷单击"登录"按钮，如下图所示。

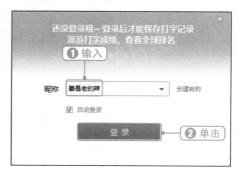

3.6.2 练习英文打字

在金山打字通软件中，中老年朋友可以先练习英文打字，以熟悉键盘的字母键位，为以后的中文输入打下良好的基础，其具体方法如下。

光盘同步文件

同步视频文件：光盘\同步教学文件\第3章\3-6-2.mp4

① 使用英文打字功能。

在金山打字通主界面，单击"英文打字"按钮，如下图所示。

② 跳过提示信息。

此时会弹出提示框，建议用户先从"新手入门"开始使用，可单击"跳过"链接，继续使用英文打字功能，如下图所示。

③ 选择练习模块。

在英文打字主界面中，选择要练习的模块，首次使用时，只能按照顺序先进行"单词练习"，如下图所示。

④ 练习英文打字。

此时可按照示例文字输入相应的字母，在输入的同时，下方的键盘会提示相应的按键，如下图所示。

3.6.3 练习拼音打字

中老年朋友在熟悉了键盘的字母键位后，就可以进一步练习拼音打字了，其具体操作方法如下。

光盘同步文件

同步视频文件：光盘\同步教学文件\第3章\3-6-3.mp4

① 使用拼音打字功能。

在金山打字通主界面，单击"拼音打字"按钮，如下图所示。

② 选择"拼音输入法"模块。

在拼音打字主界面中，选择要练习的模块，首次使用时，只能按照顺序先学习"拼音输入法"的相关知识，如下图所示。

③ 了解拼音输入法知识。

在打开的界面中单击"下一页"按钮，如下图所示。

④ 了解输入法切换知识。

阅读完输入法切换知识后，单击"下一页"按钮，如下图所示。

⑤ 了解输入法组合键。

了解了输入法的切换组合键后，单击"进入测试"按钮，如右图所示。

⑥ 进行过关测试。

❶ 输入正确答案；❷ 单击"交卷"按钮，如下图所示。

⑦ 进入拼音打字练习。

在弹出的提示框中，单击"下一关"按钮，如下图所示。

⑧ 开始练习拼音打字。

此时无需切换输入法，按照示例文字输入相应的字母，在输入的同时，下方的键盘会提示相应的按键，如右图所示。

3.6.4 练习五笔打字

习惯用五笔输入法的中老年朋友，可在五笔打字模块中练习，具体操作方法如下。

光盘同步文件

同步视频文件：光盘\同步教学文件\第3章\3-6-4.mp4

① 使用五笔打字功能。

在金山打字通主界面，单击"五笔打字"按钮，如右图所示。

2 选择"五笔输入法"模块。

在五笔打字主界面中，选择要练习的模块，首次使用时，只能按照顺序先学习"五笔输入法"的相关知识，如下图所示。

3 了解输入法基本知识。

在打开的界面中，按照提示依次单击"下一页"按钮，如下图所示。

4 进行过关测试。

在打开的界面中，单击"进入测试"按钮，如下图所示。

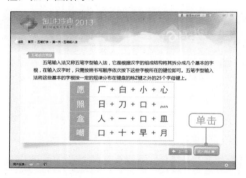

5 完成第一题测试。

❶输入正确的答案；❷单击"下一页"按钮，如下图所示。

6 完成第二题测试。

❶输入正确答案；❷单击"交卷"按钮，如右图所示。

⑦ **进入五笔打字练习。**

在弹出的提示框中，单击"下一关"按钮，如下图所示。

⑧ **跳过五笔知识讲解。**

此时会打开五笔知识讲解界面，我们已经掌握了五笔输入法的使用方法，单击"跳过讲解"按钮即可，如下图所示。

⑨ **进入五笔打字练习。**

此时无需切换输入法，按照示例文字按下相应的键位即可，在输入的同时，下方的键盘会提示相应的按键，如右图所示。

选择要练习的内容

知识加油站

无论是进行拼音练习还是五笔练习，用户都可以在"课程选择"下拉列表中选择需要练习的内容。

Chapter 01
Chapter 02
Chapter 03
Chapter 04
Chapter 05
Chapter 06
Chapter 07
Chapter 08

Chapter
04
正确管理电脑中的文件资源

本章导读

　　电脑中的信息都是以文件的形式存放的，因此，对电脑中的文件资源进行有效的管理，也是中老年人学电脑必须掌握的技能。通过本章的学习，中老年朋友可以了解电脑中文件资源的存放规律与特点，熟悉电脑中文件和文件夹的管理技能。

知识技能要求

　　通过本章内容的学习，读者应该学会电脑中文件资源的有效管理方法及相关操作。学完后需要掌握的相关技能知识如下。

❖ 了解什么是文件及文件夹
❖ 认识文件及文件夹的存放规律与特点
❖ 掌握创建文件及文件夹的方法
❖ 掌握文件及文件夹的选择方法
❖ 掌握复制、移动与删除文件及文件夹的方法
❖ 掌握文件及文件夹的重命名操作
❖ 掌握文件及文件夹的隐藏操作

文件管理的必备基础知识

在电脑管理操作中，其中操作最为频繁的就是对电脑中的文件、文件夹进行管理，中老年朋友只有掌握了正确管理文件资源的知识，才能更好地使用和操作电脑。下面我们来系统学习文件管理的基础知识。

4.1.1 什么是文件和文件夹

文件和文件夹是电脑中两个重要对象，对电脑中的资源进行管理操作，其实就是对文件及文件夹进行管理操作。在对文件夹和文件操作前，首先要认识文件和文件夹。

① 什么是文件

文件是Windows中信息组成的基本单位，是各种程序与信息的集合。文件可以是文本文档、图片、程序等。由于电脑中包含的数据和信息种类繁多，所以我们打开电脑后，就可以看到各种不同的文件。电脑中的每个文件都有各自的文件名，并且不同类型数据所保存的文件类型也不相同。

（1）文件名

在Windows操作系统中，每个文件都有着各自的文件名，系统是依据文件名对文件进行管理的。

完整的文件名由"文件名称＋扩展名"组成，文件名用于识别该文件，如为不同文件赋予不同的名称，即可通过名称来快速识别该文件内容；扩展名则用于定义不同的文件类型，这便于电脑中的程序识别和打开文件，如右图所示。

文件名的规定

知识加油站　　文件名可由1~256个大小写英文字符或1~128个汉字组成。文件名中的字符可以是汉字、空格和特殊字符，但不允许有？\ / : * < > 符号。文件名由主文件名和扩展名组成，之间用"."隔开。

（2）文件类型

文件类型是根据扩展名来决定的，不同类型的数据，其保存的文件类型也不同。电脑中的文件种类繁多，中老年朋友在学习电脑时，需要对常见的文件类型有个初步的了解，从而在查看文件时，通过扩展名就可以大致判断出文件类型以及打开文件需应用的程序。下表为常见文件的扩展名及其含义。

文件扩展名	含义	文件扩展名	含义
AVI	视频文件	DLL	动态链接库文件
INI	系统配置文件	TIF	图像文件
JPG	JPGE压缩图像文件	TMP	临时文件
BAK	备份文件	EXE	应用程序文件
BMP	位图文件	FON	点阵字体文件
MID	MIDI音乐文件	TXT	文本文件
COM	MS-DOS应用程序	GIF	动态图像文件
PDF	Adobe Acrobat文档	WAV	声音文件
DAT	数据文件	HLP	帮助文件
PM	Page maker文档	WRI	写字板文件
DBF	数据库文件	HTM	Web网页文件
PPT	PowerPoint演示文件	XLS	Excel表格文件
DOC	Word文档	ICO	图标文件
RTF	文本格式文档	ZIP	ZIP压缩文件
MDB	Access数据库文件	TTF	True Type字体文件

问：为什么有些文件的外观图标一样而有些不一样呢？

疑难解答

答： 在电脑中，每一个文件都有一个图标和一个文件名。如果文件的图标外观样式相同，一般表示这些文件是同一种类型的文件；不同外观样式的文件图标一般都表示不同类型的文件。

② 什么是文件夹

文件一旦太多，会给我们的管理带来很大的麻烦，这时就会用到文件夹。简单地说，文件夹是用来存放文件的"包"。

电脑中存储了数量庞大且种类繁多的文件，Windows 7将这些文件按照一定的规则分类存放在不同的文件夹中，从而便于用户有效管理文件。同时在使用电脑过程中，用户也可以将自行创建的文件分类存放在不同的文件夹中，使文件存储更加有序，管理起来也更加方便，如右图所示。

在Windows中，文件夹的图标为一个黄色的文件夹样式，并且每个文件夹都有各自的名称。另外，在Windows 7中，空文件夹和存放了文件的文件夹图标样式也是不同的。

4.1.2 电脑中是如何存放文件资源的

电脑中的文件和文件夹并不是完全胡乱放置的，而是按照一定的结构分类存放的。中老年朋友只有了解电脑中文件资源的存放规律，才能正确有效地管理电脑中的文件。

① 认识磁盘驱动器

在电脑中，磁盘主要用来存放和管理电脑中的所有资料。要查看电脑中的磁盘，可以双击桌面上"计算机"图标，即可打开该窗口进行查看。

"计算机"窗口中显示出当前电脑中的所有盘符，如右图所示。一台电脑中通常包括下列类型的驱动器。

（1）硬盘

通常从"C:"开始来代表硬盘驱动器，简称C盘。如果我们的电脑中安装了不止一块硬盘，或者一块硬盘有多个分区，则分别有D盘、E盘等盘符。

（2）光盘驱动器

当电脑中安装有光盘驱动器（又叫"光驱"）时，"我的电脑"窗口中就会有光驱盘符。一般情况下，光驱盘符排在硬盘最后一个盘符的后面。

（3）U盘

目前，U盘是使用较为广泛的移动存储设备。当电脑中连接有U盘时，"我的电脑"窗口就会有U盘的盘符。U盘盘符中显示有"可移动磁盘"的标识文字。

② 文件资源的存放结构与规律

在Windows中，无论是文件还是文件夹，都是存储在各个磁盘分区中的，并且文件夹可以多层嵌套，即一个文件夹下可以包含若干子文件夹，子文件夹下又可以包含若干下级文件夹等，通过文件夹的嵌套，可以对电脑中的文件进行更细化的分类，如右图所示。

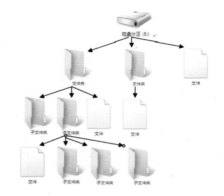

简单地说，电脑中的文件夹就像我们生活中的文件柜，而文件就像存放在文件柜中的相关资料。

问：在磁盘中存放文件资源时，能不能直接将文件存放在磁盘里，或者保存在桌面上呢？

答： 当然可以。在电脑中存放文件时，可以将文件直接存放在磁盘的根目录下，也可以将文件存放在磁盘的某个文件夹中。在文件夹中还可以存放文件，同时也可以存放子文件夹。另外，为了安全起见，一般不要在桌面上存放文件。

4.1.3 查看电脑中的文件资源

中老年朋友可以通过"计算机"窗口来查看电脑中的文件资源，在"计算机"窗口中，可以双击某一磁盘盘符（如磁盘E:），此时，在打开的E盘窗口中，就可以查看该磁盘分区包括的所有文件及文件夹。还可以在打开的磁盘中进一步双击打开某一文件夹，以查看到该文件夹中的文件情况。具体操作方法如下。

光盘同步文件

同步视频文件： 光盘\同步教学文件\第4章\4-1-3.mp4

① 打开"计算机"窗口。

❶ 单击"开始"菜单按钮；❷ 单击"计算机"命令，如右图所示。

② **打开要查看文件的磁盘。**

在打开的"计算机"窗口中，双击要查看文件的磁盘，如"本地磁盘（E:）"，如下图所示。

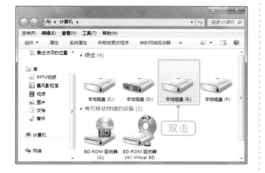

③ **打开要查看文件的文件夹。**

在打开的磁盘E中可以查看到文件或文件夹，如果还要查看文件夹中的内容，可以双击文件夹图标，如下图所示。

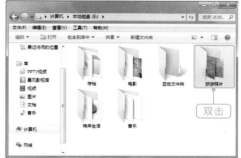

④ **查看文件资料。**

经过上步操作，打开文件夹窗口，即可查看到该文件中的相关文件对象，如右图所示。

文件资源查看技巧

知识加油站

在查看文件资源时，我们可以单击"后退" ◎、"前进" ◎或者单击地址栏上相应按钮 ▶ 计算机 ▶ 本地磁盘 (E:) ▶ 旅游照片，选择查看文件资源的目标位置。

4.2 文件管理的基本技能

在电脑中对文件进行管理操作时，最常用的操作包括新建文件或文件夹、选择文件或文件夹、移动和复制文件或文件夹以及删除文件或文件夹等，下面我们来一一了解。

4.2.1 新建文件夹

文件夹用于分类存放文件，中老年朋友在管理电脑中的文件时，可以根据需要创建新文件夹，然后将新建的文件夹存放在电脑中。

例如，在E盘的"晚年生活"文件夹中创建专门用于存放旅游照片的"旅游照片"文件夹，具体操作方法如下。

> **光盘同步文件**
>
> **同步视频文件：** 光盘\同步教学文件\第4章\4-2-1.mp4

① 单击"新建文件夹"按钮。

打开"计算机"窗口并进入到E盘的"晚年生活"文件夹中，单击窗口工具栏中的"新建文件夹"按钮，如下图所示。

② 输入新文件夹的名称。

此时即可在窗口中建立一个新文件夹，文件夹名称处于可编辑状态，输入新的名称后，单击窗口任意位置即可。

> **使用快捷菜单创建文件夹**
>
> **知识加油站** 　　用户也可通过快捷菜单创建文件夹，只需在窗口空白处单击右键，在弹出的快捷菜单中单击"新建"→"文件夹"命令即可。

 4.2.2 选择文件或文件夹

在电脑中，如果要对文件或文件夹进行操作，首先需要选择要操作的文件或文件夹。文件与文件夹的选择方法有多种，下面分别介绍。

> **光盘同步文件**
>
> **同步视频文件：** 光盘\同步教学文件\第4章\4-2-2.mp4

① 选择单个文件或文件夹

如果要对某一个文件或文件夹进行选择，只需将鼠标指针指向要选择的文件或文件夹图标上，单击鼠标左键即可。

打开相应文件夹窗口，指向需要选择的文件或文件夹，单击一下即可，如右图所示。

问：**选择文件或文件夹对象后，如何取消其选中状态呢？**

疑难解答

答：当选择文件（夹）对象后，该文件（夹）将会出现淡蓝色阴影。如果要取消该对象的选择，可以单击窗口的空白处，或者选择另一文件（夹）对象。

2 选择多个文件或文件夹

有时候需要同时对多个文件或文件夹进行管理操作，就需要先选择要操作的文件或文件夹，具体选择方法如下。

（1）全部选择

如果要在窗口中选择所有的文件或文件夹对象，可以按以下方法进行操作。

1 单击"全选"命令

❶单击"组织"按钮；❷单击"全选"命令，如下图所示。

2 选择该位置的全部对象

经过上步操作，即可将当前窗口中的文件与文件夹对象全部选择，如下图所示。

使用组合键快速选中所有对象

知识加油站

中老年朋友也可通过组合键来快速全选当前窗口中的所有对象，只需按下Ctrl+A组合键即可。

（2）选择连续的文件或文件夹

要同时选择多个连续的文件或文件夹，可用鼠标在相应位置进行拖动，此时会显示一个透明的矩形框，矩形框所覆盖区域即是选择区域，该区域中所有的对象都会被选中。

打开相应文件夹窗口，框选多个文件或文件夹，并释放鼠标，如右图所示。

（3）选择不连续的文件或文件夹

如果要选择多个不连续的文件或文件夹，则需要键盘来帮忙了，按住键盘上的Ctrl键，同时分别单击要选择的文件或文件夹即可。

打开相应文件夹窗口，按住Ctrl键分别单击多个文件或文件夹，如右图所示。

 "反向选择"的作用

知识加油站　　　在窗口的"编辑"菜单中（按Alt键可以激活窗口菜单）有一个"反向选择"命令，该命令的作用是：先选择几个对象后，执行"反向选择"命令，即可选择除先选择对象以外的其他对象。

4.2.3　移动与复制文件或文件夹

移动与复制文件或文件夹是管理文件资源最常用的操作，其中复制用于创建新的文件或文件夹的副本，移动则是将文件或文件夹从一个位置移动到其他位置。下面分别讲述这两个功能的使用方法。

光盘同步文件

同步视频文件：光盘\同步教学文件\第4章\4-2-3.mp4

① 复制文件或文件夹

对文件或文件夹进行复制操作，可以产生相同的文件或文件夹，常用于电脑中文件资源的备份与传输。该操作有两个过程，第一个过程是复制源文件或文件夹，第二个过程是在新的位置粘贴文件或文件夹。

下面我们就以将旅游途中拍摄的照片复制到新创建的"旅游照片"文件夹中为例进行讲解，具体操作方法如下。

① 复制源文件或文件夹。

❶选择要复制的文件或文件夹；❷单击"编辑"菜单；❸单击"复制"命令，如下图所示。

② 打开目标文件夹。

打开目标文件夹所在窗口，双击目标文件夹，如下图所示。

③ 粘贴文件或文件夹。

在打开的目标文件夹窗口中，❶单击"编辑"菜单；❷单击"粘贴"命令，如下图所示。

④ 完成复制操作。

此时，所选文件或文件夹即被复制到相应的文件夹中，如下图所示。

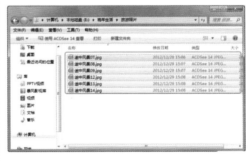

知识加油站　通过对话框复制文件或文件夹

对电脑中的文件夹位置比较熟悉的中老年朋友还可以通过对话框来复制文件或文件夹，只需在选中文件或文件夹后，单击"编辑"→"复制到文件夹"命令，在打开的"复制项目"对话框中选择目标文件夹，然后单击"复制"按钮即可。

② 移动文件或文件夹

移动文件或文件夹是指将文件或文件夹从一个位置移动到另外一个位置，多用于文件存放位置的调整。下面以将美食图片移至"美食"文件夹中为例进行讲解，具体操作方法如下。

① 剪切源文件或文件夹。

❶单击要移动的文件或文件夹；❷单击"编辑"菜单；❸单击"剪切"命令，如下图所示。

② 打开目标文件夹。

打开目标文件夹所在窗口，双击目标文件夹，如下图所示。

③ 粘贴文件或文件夹。

在打开的目标文件夹窗口中，❶单击"编辑"菜单；❷单击"粘贴"命令，如下图所示。

④ 完成剪切操作。

此时，所选文件或文件夹即被剪切到相应的文件夹中，如下图所示。

使用组合键操作文件或文件夹

知识加油站

用户也可通过组合键进行文件操作，按Ctrl+C组合键可复制选中的对象，按Ctrl+X组合键可剪切选中的对象，在电脑中的其他位置按Ctrl+V组合键可将所选对象粘贴到新位置。我们可以通过这种方法将文件复制到U盘中，再在另外一台电脑中使用同样的操作，将U盘中的文件复制到该电脑中。

4.2.4 重命名文件或文件夹

在对电脑中的文件或文件夹进行管理时，为了方便识别和管理，中老年朋友可以对已有文件及文件夹的名称进行重命名。

下面以将新建文件夹的名称重命名为"戏曲"文件夹为例进行介绍，具体操作方法如下。

 光盘同步文件

同步视频文件：光盘\同步教学文件\第4章\4-2-4.mp4

① 单击"重命名"命令。

❶选择要修改名称的文件或文件夹；❷单击窗口左侧的"组织"按钮；❸在打开的菜单中单击"重命名"命令，如下图所示。

② 输入文件夹名称。

此时所选文件或文件夹名称变为可编辑状态，在名称框中输入要修改的名称后，单击窗口任意位置，如下图所示。

问：在给文件命名时，能否取相同名字的文件或文件夹？

疑难解答

答：更改文件夹名称时，注意更改的名称不能与当前窗口中其他文件夹的名称相同；更改文件名称时，则不能与当前窗口中其他类型相同的文件的名称相同。

4.2.5 删除文件或文件夹

中老年朋友在使用电脑过程中，对于无用的文件或文件夹，可以随时将其从电脑中删除，以节省电脑的存储空间。下面我们以将不再需要的输入法安装程序删除为例进行介绍，具体操作方法如下。

 光盘同步文件

同步视频文件：光盘\同步教学文件\第4章\4-2-5.mp4

① 单击"删除"命令。

❶选择要删除的文件或文件夹；❷单击"组织"按钮；❸在弹出的菜单中单击"删除"命令，如下图所示。

② 将内容放入回收站。

打开"删除文件"对话框，单击对话框中的"是"按钮，即可将文件或文件夹删除到回收站中，如下图所示。

4.2.6　还原文件或文件夹

将文件或文件夹进行删除后，它们并没有从电脑中直接删除，而是保存在回收站中。对于误删除的文件，中老年朋友可以随时通过回收站恢复，具体操作方法如下。

 光盘同步文件

同步视频文件：光盘\同步教学文件\第4章\4-2-6.mp4

① 打开"回收站"窗口。

双击桌面上的"回收站"图标，如下图所示。

② 还原删除的文件。

❶单击要还原的对象；❷单击"还原此项目"按钮，如下图所示。

删除文件的其他方法

知识加油站

在窗口中选中要删除的文件或文件夹后，按下Del键也可以快速删除文件；按下Shift+Del组合键可以将文件或文件夹从电脑中彻底删除。

如果要选择性地删除回收站中的文件，只要在回收站窗口中选择文件或文件夹后，单击鼠标右键，在弹出的快捷菜单中单击"删除"命令即可。

 # 文件资源操作技巧

通过前面内容的学习，相信中老年朋友对文件及文件夹已经有所认识，也应该学会了文件及文件夹的一些基本管理操作。为了进一步提高电脑中文件资源的管理操作技能，下面介绍与本章内容相关的一些操作技巧。

4.3.1 快速搜索文件或文件夹

随着电脑中的文件与文件夹越来越多，中老年朋友在查看指定文件时，如果忘记了文件名称与保存位置，那么就很难找到需要的文件了，这时就可以通过Windows 7提供的搜索功能来快速搜索电脑中的文件或文件夹，其具体操作方法如下。

光盘同步文件

同步视频文件：光盘\同步教学文件\第4章\4-3-1.mp4

在Windows 7资源管理器中处处都可以看到搜索框的身影，用户随时可以在搜索框中输入关键字，搜索结果与关键字相匹配的部分会以黄色高亮显示，类似于Web搜索结果，能让用户更加容易地找到需要的文件，如右图所示。

如果要进行更全面细致的搜索，则可以通过"高级搜索"来进行。通过"高级搜索"功能可以对文件的位置范围、修改日期、大小以及名称、作者等进行设定，从而细化搜索条件，以得到更精确的搜索结果。

1 添加搜索条件。

单击搜索框，❶输入要搜索的内容，如"图片"；❷在显示出的筛选条件面板中单击要添加的搜索条件，如"修改日期"。

2 设置搜索的日期范围。

在搜索框中添加"修改日期"条件后，下方将展开显示日期框，在其中拖动鼠标选择要筛选的日期范围，如下图所示。

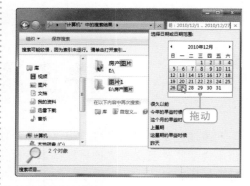

3 显示搜索到的内容。

等待搜索完成后，窗口中显示的就是搜索到的符合条件的内容，如下图所示。

4 继续添加搜索条件。

继续单击搜索框，在显示出的筛选条件面板中单击选择"大小"选项，如下图所示。

5 选择文件大小范围。

在展开的文件大小选择列表中选择要筛选的大小范围，等待搜索完成后，窗口中将根据所设的条件显示筛选结果，如右图所示。

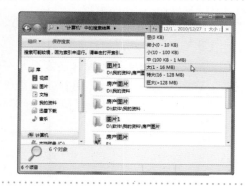

问：在搜索文件时，如何设置搜索范围？

答： 通过搜索框进行搜索时，首先需要进入到相应的搜索范围窗口，如打开"计算机"窗口直接进行搜索，那么搜索范围为所有磁盘；进入到D盘窗口中进行搜索，则搜索范围为整个D盘；同样，如果进入到下级文件夹中进行搜索，如Windows目录，则搜索范围仅为Windows目录。

4.3.2 查看文件的属性

在日常操作中，经常需要了解文件或文件夹的属性，如查看文件或文件夹的类型、大小、创建与修改日期等。查看文件或文件夹属性的具体操作方法如下。

光盘同步文件
同步视频文件：光盘\同步教学文件\第4章\4-3-2.mp4

① **单击"属性"命令。**

❶ 单击目标文件或文件夹；❷ 单击"组织"按钮；❸ 单击"属性"命令，如下图所示。

② **查看对象属性。**

此时即打开相应的属性对话框，在此可查看相关参数，如下图所示。

4.3.3 把重要的文件隐藏起来

中老年朋友可根据需要将重要的文件或文件夹隐藏起来，使其不在窗口中显示，以防止儿孙辈将自己的文件误删除，具体操作方法如下。

光盘同步文件
同步视频文件：光盘\同步教学文件\第4章\4-3-3.mp4

① 单击"属性"命令。

❶右击目标文件或文件夹；❷单击"属性"命令，如下图所示。

② 设置隐藏属性。

❶勾选"隐藏"复选框；❷单击"确定"按钮，如下图所示。

问：如何查看隐藏的文件或文件夹呢？

疑难解答

答：要想查看隐藏文件或文件夹，可在窗口中单击"组织"→"文件夹和搜索选项"命令，打开"文件夹选项"对话框，切换到"查看"选项卡，在"高级设置"列表框中选中"显示文件、文件夹与驱动器"单选按钮并单击"确定"按钮即可，如右图所示。

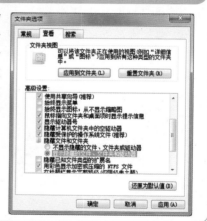

4.3.4 显示文件的扩展名

在Windows 7操作系统中，默认是不显示已知文件的扩展名的，为了便于快速识别文件的类型，中老年朋友可以通过以下方式让文件的扩展名显示出来，具体操作方法如下。

光盘同步文件

同步视频文件： 光盘\同步教学文件\第4章\4-3-4.mp4

① 单击"文件夹和搜索选项"命令。

❶单击"组织"按钮；❷单击"文件夹和搜索选项"命令，如下图所示。

② 取消扩展名的隐藏设置。

❶单击"查看"选项卡；❷取消"隐藏已知文件类型的扩展名"的勾选状态；❸单击"确定"按钮，如下图所示。

4.3.5 创建桌面快捷方式

当文件或文件夹存放的路径较长时，每次打开该文件或文件夹就较为麻烦，尤其是记忆力不好的中老年朋友，找到文件需要花费很多时间，此时，我们可以为经常使用的文件或文件夹在桌面上创建快捷方式，这样，直接从桌面上双击快捷方式就可快速打开文件或文件夹了。

下面我们以为"美食"文件夹创建桌面快捷方式为例进行介绍，具体操作方法如下。

光盘同步文件

同步视频文件：光盘\同步教学文件\第4章\4-3-5.mp4

① 选择要创建的对象。

打开目标对象所在的文件夹，单击选中该对象，如右图所示。

②　将选择的文件（夹）发送到桌面上。

❶单击"文件"菜单；❷指向"发送到"命令；❸单击"桌面快捷方式"命令即可，操作如右图所示。

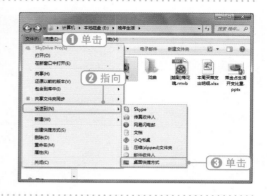

问：删除桌面上创建的快捷方式后，其文件夹中的对象会被删除吗？

疑难解答

答： 删除桌面上的快捷方式，文件或文件夹本身并没有被删除，这是因为快捷方式只是一个指向磁盘中某个位置的链接，因此通过这种方式来使用文件或文件夹，反而提高了文档的安全性。

4.4 使用移动存储设备交换数据

这里的移动存储设备主要是指我们常用的U盘、移动硬盘、手机等存储设备。在日常使用中，即便是对中老年朋友来说，也经常需要将移动存储设备中的文件或文件夹复制到电脑上，或者是将电脑上的文件或文件夹复制到移动存储设备中，以方便文件资源的转移或使用。下面我们以U盘为例，介绍使用移动存储设备交换数据的方法。

4.4.1 连接移动存储设备

移动存储设备有很多种类，U盘和移动硬盘都使用USB接口与电脑连接，只要插接到电脑上就能够被准确识别。目前电脑主机前面一般都提供有USB接口，U盘可以直接插入；移动硬盘则需要通过USB数据线相连。下面介绍将U盘与电脑连接的方法。

① **将U盘插在电脑主机上。**

　　将U盘的USB接口按正确的方向插入电脑上的USB连接口中，如下图所示。

② **在通知区域查看设备。**

　　插入U盘后，在任务栏的通知区域会显示移动存储设备的图标，如下图所示。

③ **在窗口中查看设备。**

　　在桌面上双击"计算机"图标，打开"计算机"窗口，也可查看新添加的可移动存储设备，如右图所示。

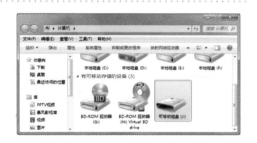

　　把移动存储设备和电脑连接并被正确识别之后，我们可以像对其他磁盘一样，来对可移动磁盘进行各种操作，如前面讲解的建立文件夹、复制或移动文件以及删除文件夹等。

4.4.2 使用电脑与移动存储设备交换数据

　　使用电脑与移动存储设备交换数据采用的也是前面所讲的移动与复制文件（夹）方法，只是选择的磁盘对象不同而已。不过要将电脑中的文件复制到移动存储设备，却有一种更方便快捷的方法，那就是通过"发送到"命令，其具体操作方法如下。

光盘同步文件
同步视频文件：光盘\同步教学文件\第4章\4-4-2.mp4

① **将文件发送到移动存储设备。**

　　❶选择要发送到U盘的文件夹后单击右键；❷在弹出的快捷菜单中指向"发送到"命令；❸在下一级菜单中单击U盘的名称，如右图所示。

显示复制项目和剩余时间

弹出"正在复制项目"对话框，显示正在复制的项目以及剩余的时间，如右图所示。

4.4.3 移除移动存储设备

当移动存储设备使用完毕后，就应该按正确的方法移除或与电脑断开连接。在断开移动存储设备连接前，需要将所有关于移动存储设备的窗口关闭，如文件窗口或者"计算机"窗口，如果没有关闭的话，电脑会提示我们无法停止设备。移除移动存储设备的正确方法如下。

 光盘同步文件

同步视频文件：光盘\同步教学文件\第4章\4-4-3.mp4

① **弹出移动存储设备。**

❶ 单击任务栏上的移动硬件图标 ；
❷ 在弹出的快捷菜单中单击相应的设备弹出命令，如下图所示。

② **安全移除硬件。**

移除硬件后，系统会提示硬件设备已经安全移除，此时可拔下插在电脑上的U盘，如下图所示。

知识加油站 **使用"弹出"命令移除移动存储设备**

打开"计算机"窗口，选择移动存储设备后单击右键，在弹出的菜单中单击"弹出"命令，也可以移除移动存储设备。

电脑中的账户管理和家长控制

Chapter

05

 本章导读

与之前版本的Windows相比，Windows 7操作系统在账户管理方面进行了加强和完善，用户可以方便地管理自己和他人的电脑账户，其中的"家长控制"功能更是为中老年朋友督促孙辈学习提供了帮助。

 知识技能要求

通过本章内容的学习，读者应该学会电脑账户管理和家长控制的方法及相关操作。学完后需要掌握的相关技能知识如下。

- ❖ 了解Windows 7账户的类型
- ❖ 掌握创建账户的方法
- ❖ 掌握更改账户名称的方法
- ❖ 掌握更改账户图标的方法
- ❖ 掌握创建和删除账户密码的方法
- ❖ 掌握修改账户类型和删除账户的方法
- ❖ 熟悉家长控制功能的使用方法

 **建立自己的专属账户**

Windows 7具有非常强大的账户管理功能，支持多个用户共用一台电脑。下面就来介绍一下账户管理的相关知识。

5.1.1 Windows 7账户的类型

在Windows 7操作系统中，用户账户的类型大致可分为以下3种。

- **Administrator（管理员）账户**：Administrator是系统内置的权限等级最高的管理员账户，它拥有对系统的完全控制权限。
- **用户创建的账户**：在结束Windows 7安装之前，用户需要创建一个用于初始化登录的标准账户。标准账户在尝试执行系统关键设置的操作时，都会受到用户账户控制机制的阻拦，以确保系统安全。
- **Guest（来宾）账户**：Guest账户一般只适用于临时使用电脑的用户，其权限比标准类型的账户受到更多限制，只能使用常规的应用程序，而无法对系统设置进行更改。

5.1.2 创建自己的账户

在Windows 7中，用户可以根据需要创建多个账户，这些用户账户既可以是管理员账户，也可以是标准账户。中老年朋友在创建用户账户时，需要使用管理员身份的账户登录到Windows 7后进行创建；如果是标准用户，则不具备创建用户账户的权限。创建用户账户的具体方法如下。

 光盘同步文件

同步视频文件：光盘\同步教学文件\第5章\5-1-2.mp4

① **打开"控制面板"窗口。**

❶单击"开始"按钮；❷单击"控制面板"命令，如下图所示。

② **打开"管理账户"窗口。**

在打开的"控制面板"窗口中，单击"添加或删除用户账户"链接，如下图所示。

③ 创建新账户。

在打开的窗口中，单击"创建一个新账户"链接，如下图所示。

④ 完成创建。

❶ 输入新账户名称；❷ 选择账户类型，如选中"标准用户"单选按钮；❸ 单击"创建账户"按钮，如下图所示。

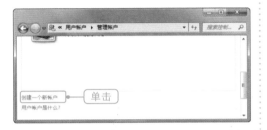

选择合适的账户类型

在创建账户时，应注意正确选择账户类型，一般来说，对于只用于日常使用的账户，可设置为标准用户类型；如果需要对电脑进行管理工作，比如需要使用我们后面要介绍的家长控制功能，则可设置为管理员类型。

5.2 管理用户账户

创建了新账户后，中老年朋友就可对账户进行管理了，比如根据需要更改账户名称、更改账户图片、创建与删除账户密码、修改账户类型及删除账户等。下面就来一一介绍。

5.2.1 更改账户名称

为了方便管理，中老年朋友可根据账户的用途来对其重新命名，标准用户可以更改自己的账户名称，具有管理员权限的账户还可更改其他账户的名称，比如将"临时访问"账户改名为"老郭"，具体操作方法如下。

光盘同步文件

同步视频文件：光盘\同步教学文件\第5章\5-2-1.mp4

① 打开控制面板。

依次单击"开始"按钮和"控制面板"命令，打开"控制面板"窗口，单击"用户账户和家庭安全"链接，如下图所示。

② 打开"用户账户"窗口。

在打开的窗口中，单击"用户账户"链接，如下图所示。

③ 管理其他账户。

在打开的窗口中，单击"管理其他账户"链接，如下图所示。

④ 选择要管理的账户。

在"管理账户"窗口中，选择要修改的账户，如单击"临时访问"账户，如下图所示。

⑤ 单击"更改账户名称"链接。

打开"更改账户"窗口，在窗口左侧单击"更改账户名称"链接，如下图所示。

⑥ 修改账户的名称。

❶输入新的账户名称；❷单击"更改名称"按钮，如下图所示。

5.2.2 更改账户图片

　　账户图片是用户账户的个性化标识，不同的登录账户在登录界面中会显示不同的账户图片。Windows 7提供了多个图片供用户选用，当然，中老年朋友也可以选择自己喜欢的头像。下面就以为新建账户更换账户图片为例进行讲解，具体操作方法如下。

光盘同步文件

同步视频文件：光盘\同步教学文件\第5章\5-2-2.mp4

---

① 单击"更改图片"链接。

　　通过前面介绍的方法打开"更改账户"窗口，在窗口左侧单击"更改图片"链接，如下图所示。

② 打开"打开"对话框。

　　打开"选择图片"窗口，单击窗口下方的"浏览更多图片"链接，如下图所示。

---

③ 选择图片。

　　打开"打开"对话框，❶找到并单击需要使用的图片；❷单击"打开"按钮，如下图所示。

④ 完成图片更改。

　　此时，用户的头像即更改为选择的图片，如下图所示。

使用系统内置图片

知识加油站　　其实系统已经为用户提供了大量内置图片，如果对账户头像要求不高，只需要区别不同用户的话，可以直接在"选择图片"窗口中选择一张图片，单击"更改图片"按钮即可。

5.2.3　创建、更改与删除账户密码

创建多个用户账户后，我们可以为账户创建密码，以防止未经授权的用户登录系统和修改自己的个人文件，增强系统的安全性。通过设置账户密码，中老年朋友也可结合不同权限的账户来监督家里的儿童科学使用电脑。下面我们来了解账户密码的创建、更改与删除方法。

光盘同步文件

同步视频文件：光盘\同步教学文件\第5章\5-2-3.mp4

1　创建密码

用户可为已有的账户创建一个密码，以保护账户安全，具体操作方法如下。

① 单击"创建密码"链接。

通过前面介绍的方法打开"更改账户"窗口，在窗口左侧单击"创建密码"链接，如下图所示。

② 输入密码与密码提示信息。

打开"创建密码"窗口，❶ 在密码框中重复两次输入相同的密码；❷ 在下面的密码提示框中输入密码的提示信息；❸ 单击"创建密码"按钮，如下图所示。

③ 完成密码创建。

此时即完成了账户密码的创建，在账户名称下会显示"密码保护"的字样，如右图所示。以后用户在登录Windows时，需要输入正确的密码才能登录成功。

疑难解答

问：中老年人记忆力减退，如何才能记住登录密码？

答： 中老年朋友由于记忆力大不如前，很有可能会把设置的登录密码遗忘，此时就需要密码提示信息来帮忙了，在创建密码时设置一个容易联想到密码的提示信息，是非常有必要的。由于这个提示信息是公开的，所以中老年朋友一定要设置一个恰当的，别人不容易猜测的密码提示信息。

2 更改密码

总是使用相同的密码会增加密码泄露的风险，所以，出于安全考虑，我们应养成定期更改密码的习惯。下面就来介绍更改密码的操作方法。

1 单击"更改密码"链接。

通过前面介绍的方法打开"更改账户"窗口，在窗口左侧单击"更改密码"链接，如下图所示。

2 输入密码与密码提示信息。

打开"更改密码"窗口，❶ 在密码框中重复两次输入相同的密码；❷ 在下面的密码提示框中输入密码的提示信息；❸ 单击"更改密码"按钮，如下图所示。

3 删除密码

在Windows操作系统中，密码既可以被创建，也可以被删除。如果中老年朋友是单独使用一台电脑的，为了避免每次打开电脑都要输入登录密码的麻烦，也可将密码删除，具体操作方法如下。

1 单击"删除密码"链接。

通过前面介绍的方法打开"更改账户"窗口，在窗口左侧单击"删除密码"链接，如右图所示。

② 完成密码删除操作。

打开"删除密码"窗口，单击"删除密码"按钮，如右图所示。

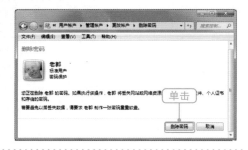

5.2.4 修改账户类型

具有管理员权限的账户可更改其他账户的类型。在Windows 7操作系统中，Guest账户默认是被禁用的，用户的账户类型可以在"标准用户"和"管理员"两种类型间切换。下面以将"老郭"账户的类型从标准用户更改为管理员为例进行介绍，具体操作方法如下。

 光盘同步文件

同步视频文件：光盘\同步教学文件\第5章\5-2-4.mp4

① 单击"更改账户类型"链接。

打开"更改账户"窗口，在窗口左侧单击"更改账户类型"链接，如下图所示。

② 选择账户类型。

❶选中"管理员"单选按钮；❷单击"更改账户类型"按钮，如下图所示。

③ 完成账户类型的更改。

此时返回"更改账户"窗口，我们会发现，用户账户名下的账户类型已经变为"管理员"了，如右图所示。

5.2.5 删除账户

我们知道，操作系统会为电脑中的每一个账户都创建一个账户文件夹，对于以后不再使用的账户，为了避免浪费存储空间，最好将其删除。删除账户的操作方法如下。

光盘同步文件

同步视频文件：光盘\同步教学文件\第5章\5-2-5.mp4

① 选择要删除的账户。

打开"管理账户"窗口，选择要删除的账户，如下图所示。

② 单击"删除账户"链接。

打开"更改账户"窗口，在窗口中单击"删除账户"链接，如下图所示。

③ 删除账户文件。

打开"删除账户"窗口，在窗口中单击"删除文件"按钮，如下图所示。

④ 删除账户。

打开"确认删除"窗口，单击窗口中的"删除账户"按钮，如下图所示。

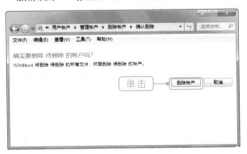

使用家长控制功能督促外孙学习

"家长控制"功能是用来控制孩子使用电脑行为的。使用家长控制可限制儿童使用电脑的时段、可以玩的游戏类型以及可以运行的程序等，以帮助儿童养成正确和健康的电脑使用习惯。

现在许多家庭都是由中老年人来照顾孙儿辈的，所以，中老年朋友掌握家长控制功能的使用是非常有必要的。

5.3.1 启用家长控制

要启用家长控制功能，必须满足以下条件。

- 必须为要控制的用户创建一个标准类型的用户账户。
- 家长用户账户及系统管理员账户必须设置密码。
- 禁用系统内置的Guest账户。
- 应用家长控制功能的程序必须安装在NTFS文件系统格式的磁盘分区内。

具备了上面所列的条件后，就可以设置家长控制了。下面，我们就创建一个需要受控制的账户，并启用家长控制功能，具体操作方法如下。

 光盘同步文件

同步视频文件： 光盘\同步教学文件\第5章\5-3-1.mp4

① **创建受控账户。**

打开"管理账户"窗口，单击"创建一个新账户"链接，如下图所示。

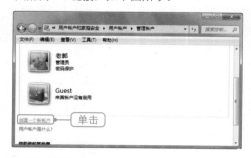

② **设置为标准账户。**

❶输入账户名称；❷选中"标准用户"单选按钮；❸单击"创建账户"按钮。

③ 选择新建账户。

在"管理账户"窗口中，选择新创建的标准用户，如下图所示。

④ 创建账户密码和设置图片。

单击"创建密码"链接，如下图所示，为账户创建登录密码，并更改其账户图片。

⑤ 打开家长控制窗口。

在"更改账户"窗口中，单击"设置家长控制"链接，如下图所示。

⑥ 选择要启用家长控制的用户。

在用户账户列表中单击要进行家长控制的用户账户，如下图所示。

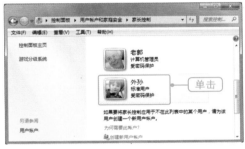

⑦ 启用家长控制。

打开"用户控制"窗口，❶ 单击选中"启用，应用当前设置"单选按钮；❷ 单击"确定"按钮，打开家长控制功能，如右图所示。

5.3.2 限制外孙的电脑使用时间

通过家长控制功能，可以限制指定账户使用电脑的时间，即只允许用户在每日的指定时间范围内使用电脑，而其他时间禁止使用，具体操作方法如下。

光盘同步文件

同步视频文件：光盘\同步教学文件\第5章\5-3-2.mp4

1 打开"家长控制"窗口。

打开"用户账户和家庭安全"窗口，单击"家长控制"链接，如下图所示。

2 选择受限用户。

打开"家长控制"窗口，选择需要设置电脑使用时间的受限用户，如下图所示。

3 打开"时间限制"窗口。

打开"用户控制"窗口，单击"时间限制"链接，如下图所示。

4 选择限制使用的时间段。

❶单击相应的时段方格，使之成为蓝色；❷单击"确定"按钮即可，如下图所示。

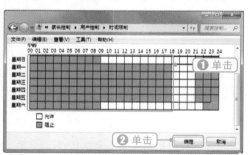

时段方格的含义

知识加油站

在"时间限制"窗口中，每一个方格代表1个小时的时段，单击使之变为蓝色，代表在这一时段内禁止使用电脑，只有在白色方格时段才可以使用电脑。一般来说，周末时可对使用时间放宽一些；在学习日，应严格遵守作息时间，使儿童养成良好的生活习惯。

5.3.3 限制外孙玩游戏

喜欢玩游戏是孩子的天性，中老年朋友应适度允许儿童玩游戏，但应对游戏内容进行控制，具体操作方法如下。

光盘同步文件

同步视频文件：光盘\同步教学文件\第5章\5-3-3.mp4

① **打开"游戏控制"窗口。**

在"用户控制"窗口中，单击"游戏"链接，如下图所示。

② **设置游戏分级。**

❶ 选中"是"单选按钮；❷ 单击"设置游戏分级"链接，如下图所示。

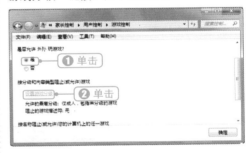

③ **选择游戏级别。**

❶ 选中"阻止未分级的游戏"单选按钮；❷ 选择允许的游戏级别，如选中"儿童"单选按钮；❸ 单击"确定"按钮，如下图所示。

④ **设置阻止游戏。**

在返回的"游戏控制"窗口中，单击"阻止或允许特定游戏"链接，如下图所示。

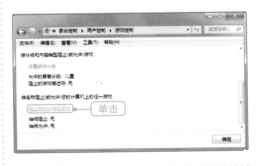

5 选择需要阻止的游戏。

❶分别选中要阻止的游戏；❷单击"确定"按钮，如下图所示。

6 完成游戏控制设置。

此时即完成了游戏控制的设置，单击"确定"按钮即可，如下图所示。

5.3.4 限制外孙使用程序

无论是电脑中安装的游戏还是其他应用程序，中老年朋友都可以通过"允许和阻止特定程序"功能管理其运行权限，让受限用户只能运行指定程序，具体操作方法如下。

 光盘同步文件

同步视频文件：光盘\同步教学文件\第5章\5-3-4.mp4

1 打开程序限制窗口。

打开"用户控制"窗口，单击"允许和阻止特定程序"链接，如下图所示。

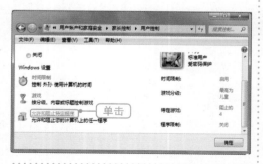

2 设置程序使用权限。

选中"外孙 只能使用允许的程序"单选按钮，此时系统开始搜索电脑中的可执行程序，如下图所示。

③ 选择允许使用的程序。

❶ 勾选相应程序的复选框；❷ 单击"确定"按钮，如下图所示。

④ 完成程序限制操作。

此时即完成了程序限制的设置，单击"确定"按钮即可，如下图所示。

问：列表中找不到要阻止的程序怎么办？

疑难解答

答： 如果在程序列表中没有找到要阻止的应用程序，可以单击"浏览"按钮，在通用对话框中找到相应的主程序文件，将其加入列表中即可。

Chapter

06 轻松应用系统实用工具

本章导读

　　Windows 7操作系统中自带了许多非常实用的工具软件，这些工具涵盖了影音播放、文档编辑、数学计算、图形处理等一般用途，甚至还内置了一些小游戏供用户休闲娱乐。这些工具可以帮助中老年朋友更好地了解和使用电脑。

知识技能要求

　　通过本章内容的学习，读者应该学会电脑附件与内置的多媒体工具的相关操作。学完后需要掌握的相关技能知识如下。

- ❖ 掌握记事本的使用方法
- ❖ 掌握便笺的使用方法
- ❖ 了解画图工具的应用
- ❖ 掌握计算器的日常使用
- ❖ 熟悉放大镜工具的使用方法
- ❖ 掌握Windows Media Player的使用方法
- ❖ 了解内置游戏的玩法

 **使用记事本记录日常琐事**

记事本是Windows传统的内置文本编辑工具。在Windows 7操作系统中，记事本的功能更加强大，可以满足一般的文本编辑，非常适合中老年朋友使用。下面就来介绍一下记事本的简单使用方法。

6.1.1 启动记事本程序

"记事本"程序被放置在"附件"文件夹中，使用记事本时，只需在附件列表中单击打开即可，具体操作方法如下。

 光盘同步文件

同步视频文件：光盘\同步教学文件\第6章\6-1-1.mp4

① 启动"记事本"程序。

❶ 单击"开始"按钮，打开"所有程序"列表；❷ 单击"附件"列表中的"记事本"命令，如下图所示。

② 打开"记事本"窗口。

经过上步操作即可启动"记事本"程序，并自动新建一个空白文档，如下图所示。

6.1.2 在记事本中输入文字

打开"记事本"程序后，中老年朋友可以直接在其中输入字符，如果要输入中文，需要先把输入法切换成中文输入法。同时，为了便于输入与浏览文本，还可将文本设置成自动换行，具体操作方法如下。

 光盘同步文件

同步视频文件：光盘\同步教学文件\第6章\6-1-2.mp4

① 切换中文输入法。

❶在记事本中单击以激活窗口；❷单击任务栏上的键盘图标；❸选择一种输入法，如下图所示。

② 输入文字。

使用选择的输入法在"记事本"窗口中逐一输入文字内容，如下图所示。

③ 设置自动换行。

文本输入完毕后，❶单击"格式"菜单；❷单击"自动换行"命令，如下图所示。

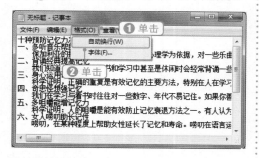

④ 完成文字输入。

此时，即完成了文字输入和自动换行设置，如下图所示。

如何方便地输入和查看记事本内容

知识加油站　　"格式"菜单中的"自动换行"命令可使文字在输入满一行后根据窗口的宽度自动换行，此操作既可以在输入文字前执行，也可在输入文字后执行。另外，在输入文字时，按Enter键表示换段，此时文本会另起一行。

6.1.3　设置文字的字体与大小

中老年人的视力往往不如年轻人，如果文本字体过小，阅读起来就比较吃力，此时，我们可以在记事本中对字体进行设置，不仅可以更改文本字体的大小，还可以选择文本的字体样式及字形，具体操作方法如下。

 光盘同步文件

同步视频文件：光盘\同步教学文件\第6章\6-1-3.mp4

① 打开"字体"对话框。

在"记事本"窗口中，❶单击"格式"菜单；❷在弹出的菜单中单击"字体"命令，如下图所示。

② 设置文字格式。

❶在"字体"列表中选择一种字体，如"微软雅黑"；❷在"字形"列表中选择一种字形，如"粗体"；❸在"大小"列表中选择一种字号，如"小三"；❹单击"确定"按钮，如下图所示。

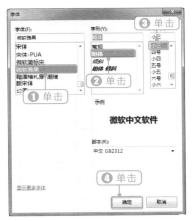

③ 完成字体设置。

此时即完成了文本字体的设置，如右图所示。

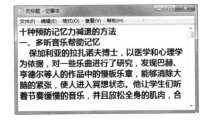

6.1.4 保存文档并关闭程序

在记事本中编排完文本资料后，我们可以将编排的内容以文本文档保存到电脑中并关闭程序，具体操作方法如下。

 光盘同步文件

同步视频文件：光盘\同步教学文件\第6章\6-1-4.mp4

① 单击"保存"命令。

❶ 单击"文件"菜单；**❷** 单击"保存"命令，如右图所示。

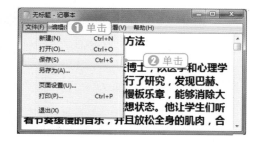

② 保存"记事本"文档。

❶ 选择文件的保存位置；**❷** 输入文件名称；**❸** 单击"保存"按钮，如下图所示。

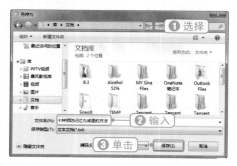

③ 退出"记事本"程序。

❶ 单击"文件"菜单；**❷** 单击"退出"命令，如下图所示。

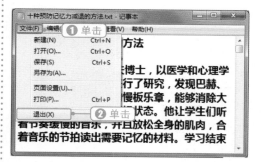

6.2 使用便笺提醒重要事情

中老年朋友上了年纪难免有记性不好的时候，经常会忘记一些重要的事情，不用担心，Windows 7系统中有一个"便笺"小工具，可以帮助我们记住要办的事项。下面我们就来了解一下便笺的使用方法。

6.2.1 打开便笺

"便笺"程序同样也被放置在"附件"文件夹中，需要使用便笺时，使用与打开"记事本"同样的方法在"附件"列表中选择即可，具体操作方法如下。

光盘同步文件

同步视频文件：光盘\同步教学文件\第6章\6-2-1.mp4

① 启动"便笺"程序。

❶单击"开始"按钮，打开"所有程序"列表；❷单击"附件"列表中的"便笺"命令，如下图所示。

② 新建空白便笺。

经过上步操作即可启动"便笺"程序，并自动新建一个空白便笺，如下图所示。

6.2.2 在便笺中记下重要事件

我们在便笺中记下重要事件后，这个便笺就会一直显示在桌面上，中老年朋友只要一打开电脑就能看到桌面上的便笺提示，具体操作方法如下。

 光盘同步文件

同步视频文件：光盘\同步教学文件\第6章\6-2-2.mp4

① 输入便笺内容。

使用前面的方法启动"便笺"程序后，在便笺面板中输入便笺的内容，如下图所示。

② 添加新便笺。

便笺内容输入完成后，单击便笺面板左上角的"新建便笺"按钮，如下图所示。

③ 新便笺添加完成。

创建新的便笺，此时就可以在新的便笺面板中输入新的内容了，如右图所示。

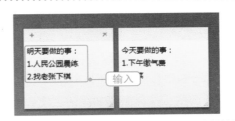

Chapter 01
Chapter 02
Chapter 03
Chapter 04
Chapter 05
Chapter 06
Chapter 07
Chapter 08

④ 设置新建便笺的颜色。

❶鼠标指向要改变颜色的便笺后单击右键；
❷单击需要的颜色，如粉红色，如下图所示。

⑤ 完成颜色设置。

此时，所选便笺的颜色就被设置成了粉红色，如下图所示。

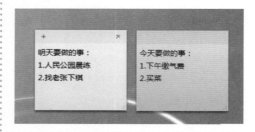

6.2.3 删除便笺

对于过期的日程安排，中老年朋友也可把相应的便笺从桌面上删除，具体操作方法如下。

 光盘同步文件

同步视频文件：光盘\同步教学文件\第6章\6-2-3.mp4

① 删除过期便笺。

单击相应便笺上的"删除便笺"按钮 ✖，如下图所示。

② 确认删除。

在打开的对话框中，单击"是"按钮，如下图所示。

6.3 使用画图工具画画

画图工具是Windows自带的一款简单的图形绘制工具，使用画图工具，中老年朋友可以绘制各种简单的图形，或者对电脑中的照片进行简单处理。Windows 7中的画图工具界面更加简洁直观，使用户更加容易上手与使用，下面就来介绍画图工具的相关知识。

6.3.1 认识画图程序

在"开始"菜单中，依次单击"所有程序"→"附件"→"画图"命令，即可启动"画图"程序。它的主窗口主要由快速访问工具栏、功能区、绘图区和状态栏等部分组成，如下图所示。

组　　成	作　　用
快速访问工具栏	该工具栏包含了"保存"、"撤销"、"重做"等常用命令及当前文件名
功能区	该区域几乎集成了绘图操作的全部命令，包括"菜单"按钮、"主页"选项卡和"查看"选项卡
绘图区	该区域是图形的主操作区域，所有图形或图像都在该区域中编辑
状态栏	显示当前操作的状态信息，如光标位置、绘图区域大小及缩放显示等

6.3.2 绘制图形与编辑图像

画图工具主要具有两大功能：绘制图形和编辑图像。下面我们分别为中老年朋友进行讲解。

光盘同步文件

同步视频文件：光盘\同步教学文件\第6章\6-3-2.mp4

① 绘制图形

用户可以使用画图工具来绘制自己想要的图形。下面就以绘制一幅简单的心形图形为例进行介绍，具体操作方法如下。

1 **选择绘图形状。**

❶单击"主页"选项卡中的"形状"按钮；❷ 在打开的列表中选择一种形状，如"心形"，如右图所示。

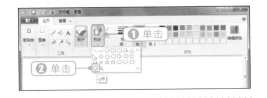

② 选择线条粗细。

❶单击"粗细"按钮；❷在打开的列表中选择一种线形粗细度，如"8px"，如下图所示。

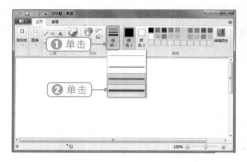

③ 选择绘图颜色。

❶单击"颜色1"按钮；❷在右侧的"颜色"栏中选择一种颜色，如"红色"，如下图所示。

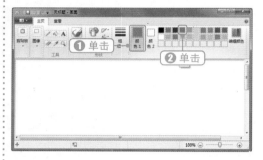

④ 拖动鼠标绘制图形。

在绘图区空白处单击并按住鼠标左键，从左上向右下拖动，如下图所示。

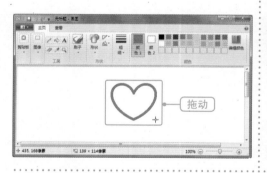

⑤ 填充图形颜色。

❶单击工具栏中的"填充"按钮；❷在右侧的"颜色"栏中选择一种颜色；❸此时鼠标指针变为油漆桶形状，在心形内部单击即可填充颜色，如下图所示。

⑥ 完成图形绘制。

此时即完成整个心形图形的绘制，如右图所示。中老年朋友还可根据自己的喜好，选择不同的形状，绘制出更漂亮的图画。

② 编辑图像

使用画图工具除了可以绘制图形以外，中老年朋友还可以使用画图工具对图片进行简单的处理，如旋转、裁剪添加文字等，具体操作方法如下。

① 打开"打开"对话框。

❶启动画图程序，单击"文件"按钮；❷在弹出的列表中单击"打开"命令，如下图所示。

② 选择要打开的图片。

弹出"打开"对话框，选择图片所在的文件夹，❶在列表中单击图片；❷单击"打开"按钮，如下图所示。

③ 单击旋转图片命令。

❶打开图片后，单击"图像"工具组中的"旋转"按钮；❷在弹出的列表中单击"向左旋转90度"命令，如下图所示。

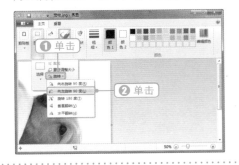

④ 选择框选类型。

❶若要选择图片区域，可单击"图像"下的"选择"按钮；❷单击"矩形选择"命令，如下图所示。

⑤ 在图像上选择区域。

在图片上适当的位置单击并按住鼠标左键向右下方拖动，可绘制出一个矩形框，如右图所示。

6 剪裁选择的区域。

若要裁切图片，可单击"图像"中的
"裁剪"命令，如下图所示。

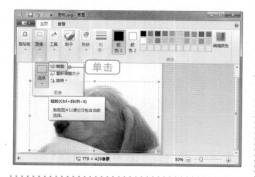

7 选择文本工具。

若要添加文字，可单击"工具"中的
"文本"按钮**A**，如下图所示。

8 设置文本格式。

① 在图像中单击并输入文字；**②** 选中
文字，单击"文本"选项卡中的"字体"按
钮；**③** 选择一种字号，如下图所示。

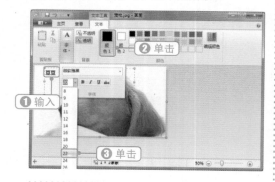

9 设置输入的文字颜色。

若要设置文本颜色，**①** 先选择所输文
字；**②** 在"文本"选项卡中单击相应的颜色
块，选择一种颜色即可，如下图所示。

6.3.3 保存图像

在绘制了图形或编辑完图片后，我们还可以将其保存起来。为了不覆盖原始图
片，这里采用另存的方法来保存图片，具体操作方法如下。

光盘同步文件

同步视频文件：光盘\同步教学文件\第6章\6-3-3.mp4

1 **单击"另存为"命令。**

❶单击"文件"按钮；❷在菜单中单击"另存为"命令；❸在下一级菜单中单击保存格式，如PNG图片，如下图所示。

2 **保存修改的图片。**

打开"保存为"对话框，选择图片的保存位置，❶输入图片的保存名称；❷单击"保存"按钮，如下图所示。

计算器工具巧使用

中老年朋友可以使用Windows 7中自带的计算器来计算日常生活开支。一般简单的加、减、乘、除运算都不在话下，各种复杂的函数与科学运算也都能胜任。下面就来学习一下计算器的使用方法。

6.4.1 使用计算器计算买菜开支

想知道今早买菜一共花了多少钱？没问题，使用Windows计算器可以轻松得出计算结果，比如，我们早上买了0.4千克青椒（单价3.6元/千克）、1.5千克土豆（单价2元/千克）、0.5千克鸡蛋（单价12.8元/千克），下面我们用计算器计算一下总共花费了多少钱，具体操作方法如下。

光盘同步文件

同步视频文件：光盘\同步教学文件\第6章\6-4-1.mp4

中老年人学电脑从新手到高手（第2版）

1 打开"计算器"程序。

❶单击"开始"按钮，打开"所有程序"列表；❷单击"附件"列表中的"计算器"命令，如下图所示。

2 显示计算器的历史记录。

在"计算器"窗口中，❶单击"查看"菜单；❷单击"历史记录"命令，如下图所示。

3 输入青椒的重量。

❶单击计算器上相应的按钮，输入"0.4"；❷单击"="按钮，如下图所示。

4 输入青椒的单价。

❶单击计算器上相应的按钮，输入"3.6"；❷单击"="按钮，如下图所示。

5 计算青椒的支出。

此时即计算出了青椒的支出，共1.44元，如下图所示。

6 计算土豆的支出。

使用相同的方法计算出土豆的支出，共3元，如下图所示。

⑦ 计算鸡蛋的支出。

使用上面的方法计算出鸡蛋的支出，共6.4元，如下图所示。

⑧ 计算土豆与鸡蛋合计。

此时利用历史记录来计算两个品类的合计，❶单击"＋"按钮 ；❷单击历史记录中的第二项，如下图所示。

⑨ 计算支出总价。

❶继续单击"＋"按钮 ；❷单击历史记录中的第一项，如下图所示。

⑩ 得出买菜总支出。

单击"＝"按钮 ，即可得出买菜的总支出，共10.84元，如下图所示。

疑难解答

问：如果要计算数学函数该怎么办？

答：Windows计算器还支持科学计算方法，只需单击"查看"菜单，并单击"科学型"命令即可打开科学计算界面。该界面中包含了常见的数学函数和计算方式，还支持不同的计算单位，如右图所示。

6.4.2 使用计算器转换度量单位

中老年朋友除了可以用计算器计算买菜支出外，还可以转换度量单位。下面就以将温度从摄氏度转换为华氏度为例进行介绍，具体操作方法如下。

 光盘同步文件

同步视频文件： 光盘\同步教学文件\第6章\6-4-2.mp4

① 打开单位转换面板。

在"计算器"窗口，①单击"查看"菜单；②单击"单位转换"命令，如下图所示。

② 显示单位转换面板。

此时即会展开单位转换面板，显示单位类型、输入单位与输出单位，如下图所示。

③ 选择温度设置。

①在单位类型下拉列表中选择"温度"选项；②选择输入单位为"摄氏度"；③选择输出单位为"华氏度"，如下图所示。

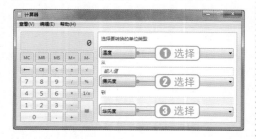

④ 转换温度数值。

在"从"文本框中输入一个数值，"到"文本框中即会显示对应单位的数值，如下图所示。

使用放大镜放大显示

　　放大镜也是Windows 7自带的系统工具，主要用于将电脑屏幕上显示的内容放大若干倍来显示，这一功能非常适合视力不太好的中老年人。下面我们就来学习放大镜的使用方法。

6.5.1 启动放大镜

　　与其他工具不同，作为一种帮助使用电脑的辅助程序，"放大镜"程序被放置在"附件"列表中的"轻松访问"子列表中。需要使用放大镜时，只要在"轻松访问"列表中选择即可，具体操作方法如下。

 光盘同步文件

　　同步视频文件：光盘\同步教学文件\第6章\6-5-1.mp4

① 打开"放大镜"程序。

　　❶单击"开始"按钮；❷在"附件"列表中的"轻松访问"子列表中单击"放大镜"命令，如下图所示。

② 查看"放大镜"窗口。

　　此时即启动了"放大镜"程序，放大镜的窗口非常简洁，主要包括缩放按钮、"视图"下拉列表和"选项"按钮，如下图所示。

6.5.2 设置放大镜

　　启动"放大镜"程序后，中老年朋友可以根据自己的需要对放大镜进行设置，设置放大镜的方法如下。

 光盘同步文件

　　同步视频文件：光盘\同步教学文件\第6章\6-5-2.mp4

① 设置放大镜视图。

在"放大镜"窗口，**①**单击"视图"按钮；**②**选择一种视图，如单击"停靠"命令，如下图所示。

② 显示视图效果。

此时，屏幕的上方会显示一个矩形预览窗格，其内容随指针的移动而改变。

③ 缩放放大倍数。

在"放大镜"窗口中，单击"放大"按钮，窗格内容会随之放大，如下图所示。

④ 显示当前放大倍数。

此时，在"放大镜"窗口中会显示当前的放大倍数，如下图所示。

⑤ 打开"放大镜选项"对话框。

用户还可对放大镜进行详细设置，只需单击"选项"按钮，如下图所示。

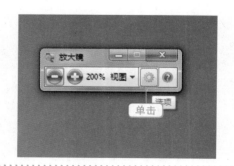

⑥ 完成放大镜选项设置。

①设置缩放变化范围；**②**勾选相应复选框；**③**单击"确定"按钮，如下图所示。

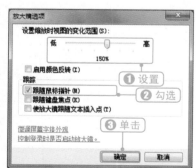

6.5.3 退出放大镜

在放大镜使用过程中，中老年朋友可根据情况随时将其关闭，具体操作方法如下。

光盘同步文件
同步视频文件：光盘\同步教学文件\第6章\6-5-3.mp4

① 单击"放大镜"图标。

"放大镜"工具在没有被选中时，会以图标方式显示，此时只需单击该图标，如下图所示。

② 关闭"放大镜"工具。

在还原的"放大镜"窗口中，单击"关闭"按钮即可将其关闭，如下图所示。

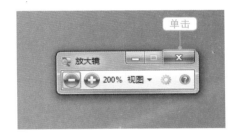

6.6 用Windows Media Player 看电视和听歌

Windows 7内置的Windows Media Player软件的中文名为"媒体播放器"，中老年朋友可以用它来播放音乐和电影。下面我们就来了解一下该软件的一般使用方法。

6.6.1 启动Windows Media Player

要使用Windows Media Player 播放多媒体文件，首先要启动该软件，具体操作方法如下。

光盘同步文件
同步视频文件：光盘\同步教学文件\第6章\6-6-1.mp4

① 启动Windows Media Player。

❶单击"开始"按钮，打开"所有程序"列表；❷在"所有程序"列表中单击Windows Media Player命令，如下图所示。

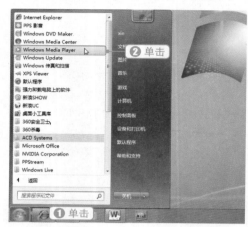

② 完成启动。

如果用户是第一次启动Windows Media Player，则在启动时需要对Windows Media Player进行简单的配置。❶这里选中"推荐设置"单选按钮；❷单击"完成"按钮，如下图所示。

Windows Media Player的工作界面包括地址栏、工具栏、导航窗格等内容，如下图所示。

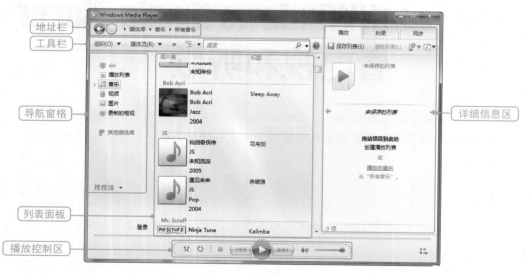

组　　成	作　　用
地址栏	包含"前进"、"后退"及地址标签
工具栏	提供常用命令的"组织"按钮、"流媒体"控制按钮、快速创建播放列表、图标切换及搜索框
导航窗格	用于快速在Windows媒体库中切换显示媒体类别以及访问其他共享媒体内容
详细信息区	显示当前类别视图下的详细媒体信息，供用户管理和使用
播放控制区	提供常规播放控制按钮、播放模式快速切换按钮，以及显示播放状态
列表面板	包含"播放"、"刻录"以及"同步列表"，用于播放媒体、刻录媒体光盘以及同步传输媒体时显示对应的媒体列表或向列表中添加媒体

6.6.2 利用Windows Media Player播放多媒体文件

　　我们可以使用Windows Media Player播放媒体库、播放列表、网络文件夹或网站的媒体文件，下面介绍播放媒体文件的方法。

光盘同步文件

同步视频文件：光盘\同步教学文件\第6章\6-6-2.mp4

1 播放媒体库中的文件

　　媒体库是电脑中特定的文件夹，用于存放电脑中的特殊文件类型，如音乐、视频、图片、文档等。下面介绍播放电脑媒体库中媒体文件的方法。

1 在媒体库中选择要播放的媒体文件。

　　启动Windows Media Player，❶在窗口左侧媒体库中单击要播放的媒体文件类型，如"视频"；❷在右侧窗口中双击要播放的视频文件，如下图所示。

2 正在播放媒体文件。

　　经过上步操作后，Windows Media Player程序窗口会变为"正在播放"模式，并开始播放该文件，如下图所示。

在播放媒体文件时，窗口下方会显示进度条与播放控制按钮，通过这些按钮可以对播放以及音量进行控制，如下图所示。

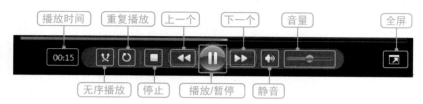

组　　成	作　　用
播放时间	显示播放媒体文件已用时间
无序播放	不按照播放列表中的顺序进行播放，而是随机播放
重复播放	重复播放当前媒体文件
停止	单击该按钮可停止对媒体文件的播放
上一个	单击该按钮可播放当前播放列表中上一个媒体文件
播放/暂停	单击该按钮可开始播放媒体文件，再次单击该按钮将暂停播放
下一个	单击该按钮可播放当前播放列表中下一个媒体文件
静音	单击该按钮关闭播放声音，再次单击恢复声音
音量	拖动"音量"滑块可调整当前播放声音的大小
全屏	单击该按钮可让播放窗口切换到全屏模式

② 播放电脑中的文件

如果要播放的文件不在媒体库中，中老年朋友可以将其添加到媒体库再播放，也可以通过下面的方法来直接播放。

① 单击"打开"命令。

❶鼠标指向程序窗口地址栏区域后单击右键；❷在弹出的快捷菜单中单击"文件"→"打开"命令，如下图所示。

② 选择要播放的文件。

选择要播放的文件所在的文件夹，❶单击要播放的文件；❷单击"打开"按钮，如下图所示。

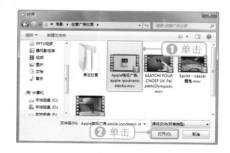

如何播放多个文件和快速播放媒体文件

在选择播放音乐文件时，可以按住Shift键不放单击左键选择连续的多个媒体文件；可以按住Ctrl键不放，单击左键选择多个不连续的媒体文件。

在电脑中找到要播放的文件，将其拖到打开的Windows Media Player窗口中，或是在电脑中找到文件后单击右键并选择播放程序，也可以快速播放文件。

6.7 玩Windows 7自带小游戏

除了之前讲解的实用工具外，Windows 7操作系统还内置了一些小游戏，如"扫雷"、"蜘蛛纸牌"、"红心大战"、"空当接龙"等。下面就以扫雷和蜘蛛纸牌游戏为例，简单介绍它们的玩法。

6.7.1 玩扫雷游戏

"扫雷"是一款益智小游戏，它的玩法非常简单，中老年朋友很容易就能学会。下面我们来看看这款游戏的玩法。

光盘同步文件

同步视频文件：光盘\同步教学文件\第6章\6-7-1.mp4

① **单击"扫雷"命令。**

❶单击"开始"按钮；❷在"开始"菜单的"游戏"列表中单击"扫雷"命令，如下图所示。

② **选择游戏难度。**

在"选择难度"对话框中选择一个难度，如单击"初级"命令，如下图所示。

③ 进行扫雷游戏。

在游戏面板中，单击蓝色格子，在可能为雷的格子上右击标记上小红旗，将不是雷的区域全部单击翻开，直到翻开所有不是雷的格子，即获得胜利，如下图所示。

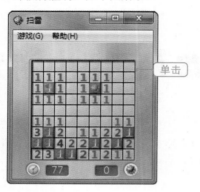

④ 取得游戏胜利。

游戏胜利后，在弹出"游戏胜利"对话框，单击"再玩一局"按钮可重新开始游戏，单击"退出"按钮可退出游戏，如下图所示。

6.7.2 玩蜘蛛纸牌游戏

"蜘蛛纸牌"也是一款非常经典的小游戏，它是用扑克牌来玩的，玩家将同花色的扑克牌按降序排成一列，即可消除一列，直到消除所有的扑克牌即获得胜利。下面介绍这款游戏的具体玩法。

光盘同步文件

同步视频文件：光盘\同步教学文件\第6章\6-7-2.mp4

① 单击"蜘蛛纸牌"命令。

❶ 单击"开始"按钮；❷ 在"开始"菜单的"游戏"列表中单击"蜘蛛纸牌"命令，如右图所示。

2 选择游戏难度。

在"选择难度"对话框中选择一个难度，如单击"初级"命令，如右图所示。

3 进行游戏。

❶ 以顺序递减的方式，将牌拖动到比其大一点的牌下；❷ 当没有符合条件的牌可以拖动时，单击下方的牌堆，开始新一轮发牌，如下图所示。

4 游戏结束。

❶ 当所有的牌按照K～A的顺序排列完毕后即获得胜利；❷ 在弹出的"游戏胜利"对话框中，单击"退出"按钮可退出游戏，如下图所示。

Chapter

07

易用的常用工具软件

本章导读

Windows 操作系统虽然内置了许多实用的辅助工具，但也只能满足基本的使用需求，如果中老年朋友有较高的需求，就需要安装专业的应用软件来解决。本章就来介绍一些常用工具软件的使用方法和技巧。

知识技能要求

通过本章内容的学习，读者应该学会电脑中常用工具软件的使用方法及相关操作。学完后需要掌握的相关技能知识如下。

❖ 了解获取软件的途径
❖ 掌握安装软件的方法
❖ 掌握卸载软件的方法
❖ 掌握压缩软件的使用方法
❖ 掌握看图软件的使用方法
❖ 熟悉图片处理软件的操作方法
❖ 了解金山词霸的使用方法

安装与卸载软件不求人

在Windows操作系统中，无论是系统软件还是应用软件，都必须安装以后才能使用。当然也有一些绿色软件，无需安装，直接双击相应的主程序即可使用，但此类软件数量相对较少，目前最常见的还是通过软件的安装程序来安装软件。

7.1.1 获取软件的途径

要在电脑中安装需要的软件，首先需要获取软件的安装文件，或称为安装程序。目前获取软件安装文件的途径主要有以下3种。

① 购买软件光盘

这是获取软件最正规的渠道。当软件厂商发布软件后，即会在市面上销售软件光盘，我们只要购买到光盘，然后放入电脑光驱中进行安装就可以了。这种途径的好处在于能够保证获得正版软件，能够获得软件的相关服务，并能够保证软件使用的稳定性与安全性（如没有附带病毒、木马等）。当然，一些大型软件光盘价格不菲，我们需要支付较高的费用。

② 通过网络下载

这是很多用户最常用的软件获取方式，对于联网的用户来说，通过专门的下载网站、软件的官方下载站点都能够获得软件的安装文件。通过网络下载的好处在于无需专门购买，不必支付购买费用（共享软件有一定时间的试用期）。缺点在于软件的安全性与稳定性无法保障，可能携带病毒或木马等恶意程序，部分软件有一定的使用限制等。

③ 从其他电脑复制

如果其他电脑中保存有软件的安装文件，可以通过网络或者移动存储设备复制到电脑中进行安装。

知识加油站　软件的分类和常用的软件下载网站

目前的软件可以分为免费软件与共享软件两种，免费软件是指允许免费获取并使用的软件；共享软件则是指需要付费购买的软件，同时提供试用期。一些小工具软件多为免费软件。目前，国内大型的下载网站有华军软件园下载（http://newhua.com）、天空软件下载（http://www.skycn.cm）、太平洋软件下载（http://dl.pconline.com.cn）等。用户也可以自行在网上搜索下载，但要注意在一些不知名的网站下载的软件可能含有病毒。

7.1.2 安装软件

软件的安装方法大同小异，只是个别的安装界面有区别，用户只要掌握一般的安装方法即可。下面就以安装"腾讯视频 2013"软件为例进行介绍，用户可通过网络下载的方法获取相应的安装程序（关于网络下载的内容将在后面的章节中详细讲述），安装软件的具体操作方法如下。

光盘同步文件

同步视频文件：光盘\同步教学文件\第7章\7-1-2.mp4

① 打开安装程序。

打开安装程序所在文件夹，找到并双击相应的安装程序，如下图所示。

② 接受软件授权协议。

打开"腾讯视频 2013安装程序"界面，单击"我同意"按钮，如下图所示。

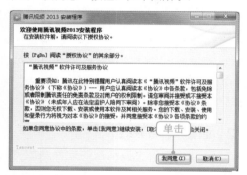

③ 设置安装选项。

在打开的界面中，❶设置安装路径（可保持默认设置）；❷取消相关复选框的勾选状态；❸单击"安装"按钮，如下图所示。

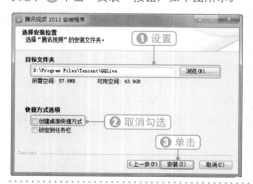

④ 开始安装软件。

此时安装程序开始将相应的文件复制到电脑中，用户只需等待其安装结束即可，如下图所示。

⑤ **完成软件安装。**

完成复制后，❶ 取消相应复选框的勾选状态；❷ 单击"完成"按钮即可，如右图所示。

注意查看安装程序是否附带其他软件

现在有许多免费软件都捆绑了其他软件，用户在软件安装过程中一定要看清每个安装步骤，将不需要的软件取消勾选状态，否则就会随之一起安装进电脑中。

7.1.3 查看电脑中安装的软件

当电脑中安装了相关的软件后，可以通过下面的方法来查看和运行已安装的软件，具体操作方法如下。

光盘同步文件

同步视频文件：光盘\同步教学文件\第7章\7-1-3.mp4

① **打开"所有程序"列表。**

单击"开始"按钮，指向"所有程序"列表即可打开应用程序列表，如下图所示。

② **查看和运行程序。**

❶ 单击相应程序文件夹展开应用程序子列表；❷ 单击相应的程序命令，如下图所示。

问：在电脑中安装软件时，中老年人需要注意哪些方面呢?

答： 在电脑中安装软件时，中老年朋友需要注意以下几点。

（1）注意软件的安装位置，最好统一在一个盘符之中，当然，除系统软件外。

（2）一定要注意该软件对电脑硬件的环境要求，不要安装一些电脑硬件条件不支持的软件。

（3）除特殊需外，为了节省系统资源与磁盘空间，并避免发生冲突，一般同类型的软件在电脑中最好只安装一个软件，如杀毒软件。

（4）一定要注意软件的可靠性和安全性。

7.1.4 卸载软件

对于不再使用的软件，中老年朋友可以将其卸载，以节省电脑资源。大多数软件在安装完成时，都会在系统中注册相应的卸载程序，以便用户卸载该软件。一般说来，卸载软件的方法有两种：一种是通过控制面板来卸载；一种是通过卸载程序来卸载。下面分别进行介绍。

光盘同步文件

同步视频文件： 光盘\同步教学文件\第7章\7-1-4.mp4

① 通过控制面板卸载软件

大多数已安装的软件都可通过这种方式进行卸载，具体操作方法如下。

① 打开"程序和功能"窗口。

在"控制面板"窗口中，单击"程序"栏下的"卸载程序"链接，如下图所示。

② 卸载相应的程序。

❶单击选中需要卸载的程序；❷单击"卸载"按钮，如下图所示。

③ **确认删除。**

在打开的对话框中，单击"是"按钮，如下图所示。

④ **完成卸载。**

卸载完毕后，单击"确定"按钮，如下图所示。

疑难解答

问：在电脑中卸载软件时，中老年人需要注意哪些方面呢？

答： 在卸载软件时，中老年朋友需要注意的事项如下。

（1）一般电脑中安装的软件都是由许多文件组成的，因此，在删除软件时不能只删除某些文件。

（2）在"开始"菜单的"所有程序"菜单中都会显示出当前电脑中已安装的相关软件。在删除软件时，并不是将"所有程序"菜单中的程序命令删除掉，就表示将该软件已删除掉。这里的程序命令只是一种快捷方式，包括在桌面上的程序图标，也是一种快捷方式。

（3）删除电脑中的软件时，一定要注意该软件是否有用。

② **通过自带卸载程序卸载软件**

有些软件在安装过程中已经安装了卸载程序，我们只需在程序列表中运行卸载程序，即可卸载软件，具体操作方法如下。

① **执行卸载程序。**

❶单击"开始"按钮；❷在展开的程序列表中单击相应的卸载程序，如下图所示。

② **确认删除软件。**

在打开的对话框中，单击"是"按钮，如下图所示。

③ 完成程序卸载。

稍等片刻即完成卸载过程，在打开的
对话框中单击"确定"按钮即可，如右图
所示。

不是所有的程序都能自我卸载

知识加油站　　并不是所有软件程序都可以通过反安装程序命令来卸载，只有该软件本身带有反安装程序命令，才能通过这种方法来卸载软件。反安装程序命令一般是"删除……"、"卸载……"、"添加/删除……"、"Uninstall……"等。如果某个程序自带有反安装程序命令，那么在"开始"菜单中的程序列表中将会显示；反之，如果不提供反安装程序命令，则无法通过这种方法卸载软件。

7.2 使用WinRAR压缩资料

虽然Windows已经内置了压缩功能，但很多人还是喜欢使用功能更强大的WinRAR压缩工具，它可以将一个或多个文件或文件夹压缩成一个RAR格式的压缩文件，方便存储或发送，操作起来也非常简单，中老年朋友可轻松掌握。

7.2.1 压缩文件或文件夹

安装好WinRAR压缩软件后，该软件会自动将相应的快捷命令添加到右键快捷菜单中，中老年朋友只需单击右键就可以对电脑上的文件资源进行压缩操作了。下面我们以压缩"戏曲"文件夹为例进行讲解，具体操作方法如下。

光盘同步文件

同步视频文件：光盘\同步教学文件\第7章\7-2-1.mp4

① 单击"添加压缩文件"命令。

❶右击需要压缩的文件或文件夹；❷单击"添加到压缩文件"命令，如下图所示。

② 设置压缩路径。

若要更改压缩文件的保存位置，可单击"浏览"按钮，如下图所示。

③ 选择存放位置。

在打开的对话框中，❶选择保存位置；❷单击"确定"按钮，如下图所示。

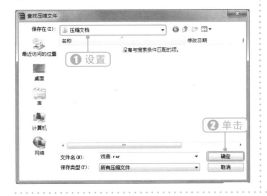

④ 压缩文件。

❶根据需要选择压缩文件格式和压缩方式；❷单击"确定"按钮，如下图所示。

⑤ 开始压缩。

此时即开始压缩文件或文件夹，并显示压缩时间、压缩率和压缩进度等信息，如右图所示。

快速压缩文件

知识加油站　　如果在压缩文件或文件夹时不需要调整压缩文件的文件名、路径和相关参数设置，在上例中，可在右击目标后弹出的快捷菜单中单击"添加到'戏曲.rar'"命令，这样即会将资料自动压缩到同一文件夹中。

7.2.2　解压文件

通过WinRAR快捷菜单，中老年朋友还可以在需要的时候，将压缩文件解压缩出来，具体操作方法如下。

光盘同步文件

同步视频文件： 光盘\同步教学文件\第7章\7-2-2.mp4

① 单击"解压文件"命令。

打开文件夹，❶ 右击相应的压缩文件；❷ 在快捷菜单中单击"解压文件"命令，如下图所示。

② 选择文件存放的目标位置。

打开"解压路径和选项"对话框，❶ 设置解压的路径及名称；❷ 单击"确定"按钮，如下图所示。

③ 开始解压缩。

此时即开始解压文件，并显示解压缩时间和解压进度等信息，单击"后台"按钮可使其在后台运行，如右图所示。

...

快速解压缩文件

与压缩文件相同，用户也可右击相应的压缩文件，在弹出的快捷菜单中单击"解压到当前文件夹"命令，实现快速解压缩操作。

7.2.3 为压缩文件加密

在压缩文件时，有时为了防止信息泄露，还需要对文件进行加密。利用WinRAR软件可轻松为压缩文档设置密码，具体操作方法如下。

光盘同步文件

同步视频文件：光盘\同步教学文件\第7章\7-2-3.mp4

① **选择高级设置。**

压缩文件过程中打开"压缩文件名和参数"对话框，❶单击"高级"选项卡；❷单击"设置密码"按钮，如下图所示。

② **设置解压缩密码。**

打开"带密码压缩"对话框，❶输入设置的密码并确认；❷单击"确定"按钮，如下图所示。

③ **进行压缩。**

返回"压缩文件名和参数"对话框，单击"确定"按钮，如右图所示。

④ 解压加密文档。

若要解压加密文档，❶可右击需要解压缩的文件；❷单击"解压文件"命令，如下图所示。

⑤ 设置解压选项。

在打开的对话框中，❶设置解压路径及名称；❷单击"确定"按钮，如下图所示。

⑥ 输入正确的解压缩密码。

在打开的对话框中，❶输入解压缩密码；❷单击"确定"按钮，如右图所示。

7.3 使用ACDSee浏览照片

许多中老年朋友都习惯把旅游途中拍摄的数码照片存储在电脑中。虽然Windows 7操作系统内置了照片查看工具，但如果存储的照片数量比较大，用照片查看器浏览起来速度会特别慢，此时可使用专业的看图软件ACDSee。

7.3.1 浏览图片

在电脑中安装好ACDSee软件以后，通过"开始"菜单运行该软件，就可以在电脑中浏览图片了，具体操作方法如下。

光盘同步文件

同步视频文件：光盘\同步教学文件\第7章\7-3-1.mp4

① 选择图片。

打开ACDSee主界面，❶ 在左侧列表栏中找到图片的存储位置；❷ 单击相应的图片就会在列表栏下方显示该图片的预览图，如下图所示。

② 浏览图片。

若要查看图片细节，可双击该图片，进入"查看"视图查看大图，单击"下一个"按钮可查看下一张图片，如下图所示。

疑难解答

问：在ACDSee中如何将图片设置为桌面背景？

答： 如果希望将一幅漂亮的图片设置为桌面背景，可单击"工具"菜单，指向"设置墙纸"命令，在下级子菜单中单击"居中"或"平铺"命令即可，如右图所示。

7.3.2 转换图片格式

使用ACDSee软件除了浏览图片外，还可以对图片进行简单的编辑和转换。有时由于处理图片需要，希望将现有图片文件格式转换成其他的图片格式，使用ACDSee即可轻松完成，具体操作方法如下。

光盘同步文件

同步视频文件：光盘\同步教学文件\第7章\7-3-2.mp4

---

① 单击"转换文件格式"命令。

　　打开软件窗口，**①**在窗口中单击需要转换的图片文件；**②**单击"批量"按钮；**③**在菜单中单击"转换文件格式"命令，如下图所示。

② 选择要转换的格式。

　　弹出"批量转换文件格式"对话框，**①**在窗口中的"格式"列表中单击选择需要的格式，如.PNG；**②**单击"下一步"按钮，如下图所示。

---

③ 设置修改后图片的放置位置。

　　①选择修改后图片的存放位置；**②**在"文件选项"下方选择保留选项；**③**单击"下一步"按钮，如下图所示。

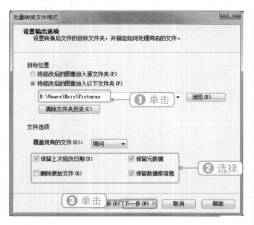

④ 单击"开始转换"命令。

　　进入"设置多页选项"界面，**①**选择"输入"选项；**②**选择"输出"选项；**③**单击"开始转换"按钮，如下图所示。

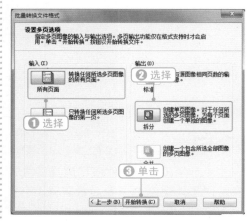

---

⑤ **完成转换。**

开始转换图片文件格式，转换完毕后，单击"完成"按钮，如右图所示。

7.3.3 批量重命名图片文件

我们在管理电脑中的照片时，往往需要为照片重新命名。如果需要重命名的照片数量比较多，就会耗费中老年朋友大量的时间和精力。其实，通过ACDSee软件，我们可以将数量众多的照片批量重命名，具体操作方法如下。

 光盘同步文件

同步视频文件：光盘\同步教学文件\第7章\7-3-3.mp4

① **单击"重命名"命令。**

打开ACDSee主界面，❶选中要重命名的多个文件；❷单击"批量"按钮；❸单击"重命名"命令，如下图所示。

② **设置模板参数。**

在对话框中，❶输入照片的统一名称及编号格式；❷进行相应的设置，如下图所示。

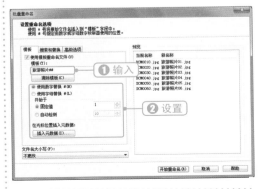

③ 设置高级参数。

① 单击"高级选项"选项卡；**②** 根据需要勾选相应的复选框；**③** 单击"开始重命名"按钮，如下图所示。

④ 完成重命名操作。

此时即开始对所选文件自动重命名，操作结束后，单击"完成"按钮，如下图所示。

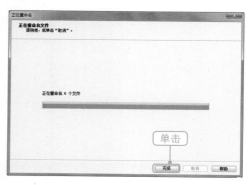

使用光影魔术手处理孙儿的照片

光影魔术手是一款操作简便的图像处理软件，中老年朋友只需轻点鼠标就可以对照片进行较为专业的处理，并可以添加各种特效，这样处理起孙儿的周岁照就得心应手了。下面我们一起来学习光影魔术手的基本使用方法。

7.4.1 裁剪图片

在光影魔术手中，中老年朋友可以根据需要将图片多余的背景裁剪掉，以达到突出主题的效果，比如裁剪拍摄的风景照片，具体操作方法如下。

光盘同步文件

同步视频文件：光盘\同步教学文件\第7章\7-4-1.mp4

① 打开文件。

在光影魔术手主界面中，单击"打开"按钮，如下图所示。

② 选择要裁剪的图片。

❶选择要编辑的图片；❷单击"打开"按钮，如下图所示。

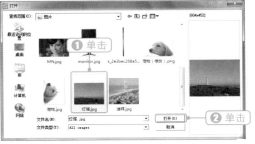

③ 打开裁剪窗口。

打开图片后，单击"裁剪"按钮，如下图所示。

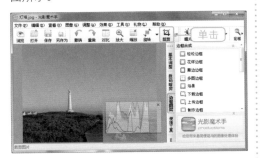

④ 执行裁剪操作。

❶在图片中拖出需要保留的区域；❷单击"确定"按钮，如下图所示。

⑤ 保存图片。

返回主窗口，单击"另存为"按钮，如下图所示。

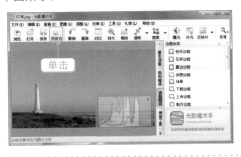

⑥ 设置文件名。

❶设置保存位置和文件名；❷单击"保存"按钮，如下图所示。

Chapter 01

Chapter 02

Chapter 03

Chapter 04

Chapter 05

Chapter 06

Chapter 07

Chapter 08

7 设置存储参数。

❶设置图片的质量参数；❷单击"确定"按钮，如右图所示。

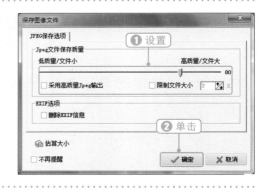

7.4.2 编辑和保存图片

使用光影魔术手，中老年朋友可对有瑕疵的照片进行美化处理，如调整图片的明暗、美化人物皮肤等。在本节中，我们以处理孙儿的照片为例进行介绍，具体操作方法如下。

光盘同步文件

同步视频文件：光盘\同步教学文件\第7章\7-4-2.mp4

1 为图像补光。

在光影魔术手中打开要美化的照片，单击"补光"按钮，可对照片自动进行补光，如下图所示。

2 自动调整曝光度。

单击"曝光"按钮，可自动重新调整照片的曝光度，如下图所示。

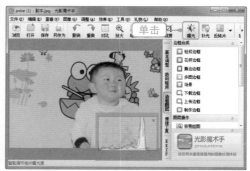

③ 美化皮肤。

❶单击"数码暗房"选项卡；❷单击选择"人像美容"选项，如下图所示。

④ 设置美化参数。

❶设置皮肤的美化参数；❷单击"确定"按钮，如下图所示。

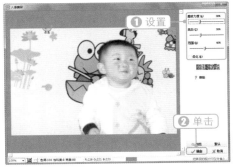

⑤ 设置个性效果。

用户还可为照片设置个性效果，如单击"LOMO风格"选项，如下图所示。

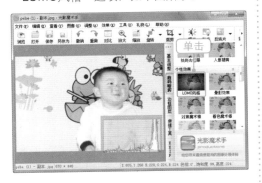

⑥ 设置LOMO参数。

❶拖动相应滑块设置参数；❷单击"确定"按钮，如下图所示。

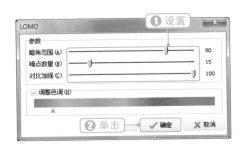

⑦ 另存图片。

设置完成后，为了不覆盖原文件，保存时可单击"另存为"按钮，如右图所示。

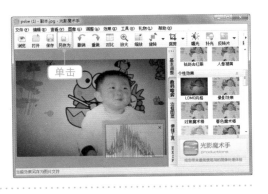

Chapter 01
Chapter 02
Chapter 03
Chapter 04
Chapter 05
Chapter 06
Chapter 07
Chapter 08

⑧ 设置保存位置。

❶选择要保存到的文件夹；❷输入文件名；❸单击"保存"按钮，如下图所示。

⑨ 设置图像保存参数。

❶拖动滑块，设置文件保存质量；❷单击"确定"按钮，如下图所示。

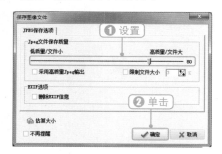

7.4.3 添加图片边框

使用光影魔术手，中老年朋友还可以为孙儿的照片添加流行的边框效果，具体操作方法如下。

光盘同步文件

同步视频文件：光盘\同步教学文件\第7章\7-4-3.mp4

① 选择相框类型。

❶单击"边框图层"选项卡；❷选择一种类型，如单击"轻松边框"选项，如下图所示。

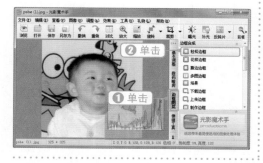

② 选择相框样式。

❶单击"儿童"选项卡；❷单击选择一种边框样式；❸单击"确定"按钮，如下图所示。

 在线获取边框素材

知识加油站 光影魔术手中只是内置了少数的边框素材，用户的电脑如果连入了互联网，可以在"在线素材"选项卡中寻找在线边框素材。

使用金山词霸学老年英语

俗话说：活到老，学到老。现在有许多中老年朋友都在学习外语，其中学习英语最为普遍，但对于中老年人来说，学习外语的难度还是不小的，此时可使用金山词霸翻译软件来帮助学习。下面就对金山词霸的使用方法进行简单的介绍。

7.5.1 查询词句

通过金山词霸，中老年朋友可以快速地进行中英词组的翻译，这样就可以有针对性地学习生词了，具体操作方法如下。

光盘同步文件

同步视频文件：光盘\同步教学文件\第7章\7-5-1.mp4

在"金山词霸"主界面中，❶输入要翻译的单词；❷单击搜索框后的"查一下"按钮，即可在界面下方显示单词的音标读法与含义，如右图所示。

快速获取单词含义

知识加油站

在我们输入英文单词时，搜索框会自动显示相关的单词提示，因此，我们不需要搜索，只需要在搜索框中输入单词，就能马上获取单词的主要含义。

7.5.2 翻译整个英文句子

除了可以快速翻译单词外，金山词霸还可以对整句英文进行翻译，具体操作方法如下。

光盘同步文件

同步视频文件：光盘\同步教学文件\第7章\7-5-2.mp4

在"金山词霸"主界面中，❶单击"翻译"按钮；❷在文本框中输入英文语句；❸单击"翻译"按钮，即可在下方显示其中文意思，如右图所示。

快速屏幕取词

用户只需在主界面中单击下方的"取词"按钮，即可开启屏幕取词功能，只要光标停放在相应的词组上，即可随即显示其主要意思。

使用 **Word** 编辑生活文档

 本章导读

以往在我们的印象中，似乎只有办公人士才会使用Word来编辑文档。其实，Word软件的用途非常广泛，它不仅在工作中得到应用，在家庭生活中也很受欢迎。我们可以使用该软件来编辑生活中的文档，也可以制定家庭开支计划等。由于所见即所得，Word使用起来比较容易上手，非常适合中老年朋友学习和使用。

 知识技能要求

通过本章内容的学习，读者应该学会利用Word 2010编排文档的方法及相关操作。学完后需要掌握的相关技能知识如下。

❖ 掌握Word的基本操作
❖ 熟悉Word的工作界面
❖ 掌握使用Word创建文档的方法
❖ 掌握文字、段落格式的设置方法
❖ 掌握在文档中插入图片的方法
❖ 掌握在文档中编辑表格的方法
❖ 了解文档的打印方法

 熟悉**Word 2010**基本操作

Word 2010是办公套件Office 2010的一个组件，中老年朋友使用它可以创建内容丰富的Word文档，并对文档进行设置和编辑。下面我们就来了解Word的基本组成并学习Word的基本操作。

8.1.1 打开与关闭Word

在学习文档编辑以前，我们首先来了解一下Word的基本操作，即如何打开与关闭Word，下面分别进行介绍。

光盘同步文件

同步视频文件：光盘\同步教学文件\第8章\8-1-1.mp4

1 打开Word 2010

安装完Office 2010以后，Office的所有组件就自动添加到"开始"菜单的"所有程序"列表中，我们可以通过"开始"菜单来启动相关的组件程序，具体操作方法如下。

1 打开所有程序列表。

①单击任务栏左侧的"开始"按钮；**②**在弹出的菜单中指向"所有程序"命令，如下图所示。

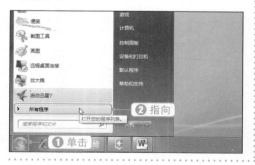

2 选择Word 2010程序。

①打开"所有程序"列表，在列表中单击"Microsoft Office"；**②**在下一级列表中单击"Microsoft Word 2010"，如下图所示。

知识加油站 **启动Word 2010的其他方法**

启动Word 2010程序的方法有很多：如果桌面上有Word程序图标，可以双击图标启动；另一种常用的方法就是从"计算机"或"资源管理器"窗口中找到Word文档文件并双击，两种方法均可以启动Word 2010。

② 关闭Word 2010

与打开Word一样，关闭Word的方法也不止一种，其最基本的关闭方法还是通过菜单来关闭，具体操作方法如下。

❶ 单击工作界面左上角的"文件"菜单；❷ 单击"关闭"命令，如右图所示。

关闭Word 2010的其他方法

知识加油站　　对于已经保存的Word文档，用户可单击左上角的Word 图标，在弹出的菜单中单击"关闭"命令来关闭文档；也可按Alt+F4组合键关闭；直接单击右上角的"关闭"按钮 ❌ 也可关闭Word。

8.1.2 熟悉Word的工作界面

启动Word 2010后，就打开了其工作界面，并默认建立了一个空白文档。下图是Word 2010的操作界面，它主要由快速访问工具栏、标题栏、窗口控制按钮、功能区、文档编辑区、状态栏等组成。下面分别对Word 2010的工作界面组成名称以及作用进行说明。

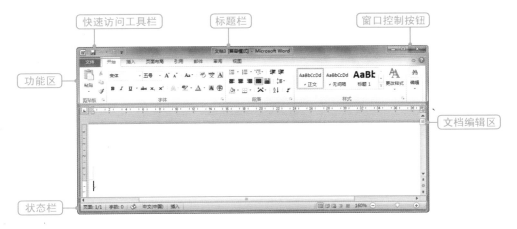

组　　成	作　　用
快速访问工具栏	用于快速执行常用命令，如"保存"、"撤销"、"重复"等命令，用户也可对其进行自定义
标题栏	用于显示当前的文档名称
窗口控制按钮	用于对文档窗口进行控制和关闭文档
功能区	包括标签和命令按钮两部分，除了第一个"文件"标签下集成的是菜单命令外，其他标签下集成的都是功能按钮，系统将功能区的按钮功能划分为一个一个的组，称为功能组。在某些功能组右下角有"转到对话框"按钮，单击该按钮可以打开相应的对话框，其中包含了该功能组中的相关选项
文档编辑区	用于显示或编辑文档内容的工作区域，编辑区中不停闪烁的光标称为插入点，用于输入文本内容和插入各种对象；功能区的左侧和上方显示了标尺，用于文档或表格的定位；右侧和下方则根据窗口大小显示了滚动条，用于快速拖动文档
状态栏	用于显示当前文档的页数、字数、拼写和语法状态、使用语言、输入状态等信息，还可用于进行视图切换和文档缩放

8.1.3　创建文档

我们知道，在启动Word时就已经默认新建了一个空白文档，此时可直接进行文档内容的录入。当然，根据实际情况需要，中老年朋友还可以创建新文档。创建文档有两种方式：新建空白文档及根据模板新建文档。

光盘同步文件
同步视频文件：光盘\同步教学文件\第8章\8-1-3.mp4

① 新建空白文档

空白文档是没有任何内容的文档，在编辑现有文档的过程中，如果需要新建空白文档，可以使用下面的方法。

❶单击文档窗口功能区上方的"文件"按钮；❷在弹出的"文件"菜单中单击"新建"命令；❸在中间的"可用模板"区域单击"空白文档"按钮；❹单击"创建"按钮，如右图所示。

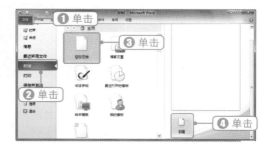

② 根据模板新建文档

Word中已经内置了部分的模板，使用现有模板创建的文档一般都拥有漂亮的界面和统一的风格。中老年朋友可灵活利用模板来创建文档，通过这种方法创建的文档，只需删除文档中的提示内容，输入自己的内容即可。

① 打开模板列表。

❶ 单击文档窗口功能区上方的"文件"按钮；❷ 在弹出的"文件"菜单中单击"新建"命令；❸ 在中间的"可用模板"区域单击"样本模板"按钮，如下图所示。

② 选择需要的模板。

打开"可用模板"列表，❶ 在中间的模板列表中单击要应用的模板，如"黑领结新闻稿"；❷ 单击"创建"按钮，如下图所示。

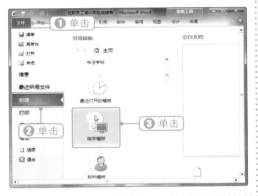

8.1.4 保存文档

当编辑完文档内容后，为了防止所编辑的文档内容丢失，需要将文档保存起来。Word 2010提供了多种保存文档的方式和格式，用户可以根据文档的不同用途来进行选择操作。下面为中老年朋友介绍最常用的文档保存方式，具体操作方法如下。

光盘同步文件

同步视频文件： 光盘\同步教学文件\第8章\8-1-4.mp4

① 打开"另存为"对话框。

❶ 在需要保存的文档中，单击"文件"按钮；❷ 在弹出"文件"菜单中单击"保存"命令，如右图所示。

② 保存文档。

❶ 弹出"另存为"对话框，选择文档的保存位置，如E盘下的"晚年生活"文件夹；**❷** 在"文件名"文本框中输入保存的文件名；**❸** 单击"保存"按钮，如右图所示。

另存为其他名称的文档

知识加油站　Word中保存文档的命令有两个：一个是"保存"，一个是"另存为"命令。在文档首次保存以后，再单击"保存"命令，就会直接覆盖原文档直接保存，不再打开对话框供用户设置路径。用户若要将当前文档保存为不同的文件名，则可以使用"另存为"命令，此时将打开"另存为"对话框，供用户设置文件保存路径和文件名。

8.1.5 打开文档

如果保存文档后关闭了Word，再次打开Word时，原来的文档就不会显示了，若要打开以前保存的文档进行编辑，就需要执行文档的打开操作。常用打开文档的方法一般有两种，下面分别进行介绍。

 光盘同步文件

同步视频文件：光盘\同步教学文件\第8章\8-1-5.mp4

① 打开最近使用过的文档

通常情况下，Word会自动记住最近打开并使用过的文档，并显示在"文件"菜单中的"最近所用文件"列表中，中老年朋友可以直接在列表中找到并打开文档，具体操作方法如下。

❶ 单击文档窗口功能区上方的"文件"按钮；**❷** 在弹出的"文件"菜单中单击"最近所用文件"命令；**❸** 在中间的"最近使用的文档"列表中单击选择要打开的文档，如右图所示。

② 通过对话框打开文档

当"文件"按钮的文件列表中没有所需要的文档时，就需要使用"打开"对话框来打开文档了，具体操作方法如下。

① 打开"打开"对话框。

❶ 单击工作界面左上角的"文件"按钮；❷ 在弹出的"文件"菜单中单击"打开"命令，如下图所示。

② 选择要打开的文档。

弹出"打开"对话框，选择要打开的文件所在的文件夹，❶ 单击选择要打开的文件；❷ 单击"打开"按钮，如下图所示。

关于文档管理操作的快捷键

在对文档进行管理操作时，按下键盘上的Ctrl+N组合键可以新建名为"文档1"的空白文档，重复按该组合键可依次新建空白的文档。按下键盘上的Ctrl+O组合键可以打开"打开"对话框；按下键盘上的Ctrl＋S组合键可以保存文档。

8.2 用Word 2010记录生活点滴

了解了Word的基本组成，下面就可以使用Word来创建文档了。本节学习创建文档后在文档中输入文本和编辑文档内容的方法。

8.2.1 输入文档内容

在Word文档中可以输入不同类型的文本，既可以输入普通文字，也可以输入特殊字符，下面介绍输入文字和特殊符号的方法。

光盘同步文件

同步视频文件：光盘\同步教学文件\第8章\8-2-1.mp4

① 输入文本

在文档中可以直接输入英文文本，按键盘上对应的字母键即可，也可以输入中文，但需要在Word中切换到中文输入状态才能进行输入。下面我们以在Word中输入中文文本为例进行介绍，具体操作方法如下。

① 选择需要的输入法。

❶新建文档，单击任务栏右下角的输入法图标；❷在弹出的菜单中单击需要的输入法，如"QQ-五笔输入法"，如下图所示。

② 输入文档内容。

根据五笔字型的编码输入需要的文字，输入的文字将出现在文档中的插入点所在的位置，如下图所示。

在输入文本时，还需要注意以下几点。

（1）在Word中，可以通过按Ctrl+Shift组合键切换不同的输入法；可以按Ctrl+空格组合键在英文输入法与默认中文输入法之间切换。

（2）输入文本时，在同一段文本之间不需要分行；当输入内容超过一行时，Word会自动换行。

（3）如果需要在一行内容没有输入满时强制另起一行，并且需要该行的内容与上一行的内容保持一个段落属性，可以按Shift+Enter组合键来完成，这种方法常常用来调整英文字符间距，对于一般的中文排版要谨慎使用。

（4）当输入完一段文字并按下Enter键后，文档会自动产生一个段落标记符，表示之后的文本另起一段。在输入文本时，应根据需要来分段，切忌连续按Enter键造成空段。

（5）当文本出现错误或有多余的文字时，可以使用删除功能。按键盘上的Backspace键可以删除插入点左侧的文字；按Delete键可以删除插入点右侧的文字。

（6）如果有需要，可以将其他类型的文字复制到当前编辑的文档中，以加快文档编辑速度，提高工作效率。

② 插入特殊符号

在输入文本过程中，有时需要输入一些特殊字符。Word提供了一些较常用的特殊字符，其插入方法如下。

① 打开"符号"对话框。

❶ 在文档中定位插入点；❷ 单击"插入"选项卡；❸ 在"符号"功能组中单击"符号"按钮；❹ 在弹出的列表中单击"其他符号"命令，如下图所示。

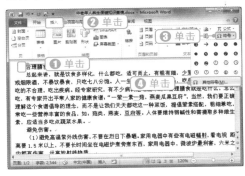

② 选择需要的符号。

弹出"符号"对话框，❶ 在"字体"列表中选择符号字体，如"Wingdings"；❷ 在"符号"列表中选择符号；❸ 单击"插入"按钮，如下图所示。

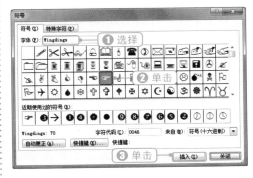

③ 继续插入多个符号。

插入符号后，"符号"对话框并不会关闭，可以继续将插入点定位到文档中的其他位置插入其他符号，插入完成后，单击"关闭"按钮即可。在文档中插入特殊符号的文档效果如右图所示。

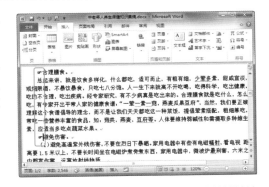

8.2.2 选择文档内容

在对文档内容进行任何编辑之前，需要先选中要编辑的内容，也就是指明要对哪些内容进行编辑。文档中被选中的文本会显示蓝色底色，便于中老年朋友识别。在Word 2010中，选择文档内容分为多种情况，下面介绍常见的选择方法。

① 指向文档内容进行选择

- **选择一个单词或词组**：双击鼠标左键。
- **选择一句内容**：按住Ctrl键不放，单击鼠标左键。
- **选择一段内容**：指针指向段落中，快速单击鼠标左键3次。
- **纵向选择文本**：按住Alt键，然后按住鼠标左键拖动。
- **选择整篇文档**：按Ctrl + A组合键。
- **选择不连续的内容**：先选择一部分内容，按住Ctrl键再选择其他内容。
- **鼠标拖动精确选择**：将鼠标指针定位在起点位置，按住鼠标左键进行拖动，至结束点位置后松开鼠标左键即可。或者先将光标定位在要选择文档内容范围的最前端，然后按住Shift键，再单击要选择范围的末端。这种方法适合选择超过一页的长篇文档。

② 通过选取栏进行选择

将鼠标指针移动到文档内容左侧的空白区域，这个区域称为选取栏，当鼠标指针变为 ⁄⁊ 形状时，利用选取栏可以选择内容，具体方式如下。

- **选一行**：在选取栏中单击。
- **选一段**：在选取栏中双击。
- **选全文**：在选取栏中快速单击鼠标左键3次。
- **多行或多段**：在选取栏中按住鼠标左键不放拖动选择即可，如右图所示。

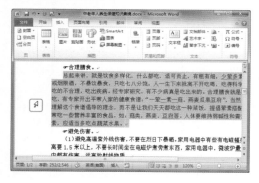

选择文档内容后，如果要取消内容的选择，只需在其他任意位置单击一下鼠标左键即可。

8.2.3 移动和复制文档内容

在编辑文档的过程中，可以使用复制、移动等方法加快文本的编辑速度，提高中老年朋友的输入效率。在文档中，可以作为移动与复制的对象有字、词、段落、表格和图片等。

光盘同步文件

同步视频文件：光盘\同步教学文件\第8章\8-2-3.mp4

① 移动文档内容

移动内容是指将文档中的内容从一个位置移动到另一个位置，原来位置上的内容将消失。在输入文档内容时，如果输入的内容位置需要调整，可以利用移动功能将其移动到正确的位置。

1 将要移动的内容放到剪贴板。

❶选定要移动的文本；❷单击"开始"选项卡，在"剪贴板"功能组中单击"剪切"按钮 ✄，如下图所示。

2 将剪贴板内容粘贴到目标位置。

❶在目标位置单击定位插入点；❷单击"剪贴板"组中的"粘贴"按钮 📋，即可将选择的内容移动到目标位置，如下图如示。

粘贴操作的不同选项

知识加油站

在进行粘贴操作时，如果单击"粘贴"按钮下方的三角按钮，还可弹出菜单选项，供用户选择粘贴的方式，如保留源格式、合并格式及只保留文本等。其中"保留源格式"选项是指按照文本原有格式粘贴；"合并格式"是指将文本原有格式与当前位置的格式进行合并；"只保留文本"是指将要粘贴的文本不保留原有格式，按照当前位置的格式进行粘贴。

② 复制文档内容

复制内容是将原位置的内容复制到目标位置后，原来位置上的内容仍然保留。在编辑文档时，如果有相同内容需要输入，可以利用复制功能将已输入的内容复制并粘贴出来，从而节约编辑时间，加快输入速度，具体操作方法如下。

1 将要复制的内容放到剪贴板。

❶选定要复制的文本；❷单击"开始"选项卡，在"剪贴板"功能组中单击"复制"按钮，如下图所示。

2 将剪贴板内容粘贴到目标位置。

❶在目标位置单击定位插入点；❷单击"剪贴板"组中的"粘贴"按钮，即可将选择的内容复制到目标位置，如下图所示。

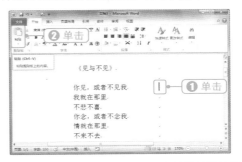

疑难解答

问：移动和复制文档内容的方式还有哪些?

答： 如果是在同一篇文档中移动和复制文档内容，则可以使用鼠标进行拖动，方法是选择要移动或复制的内容，按住鼠标左键直接拖到目标位置即可。不同的是复制内容的时候要同时按住Ctrl键。执行移动和复制操作时，可以使用鼠标拖动操作、工具按钮和快捷键等方式。其中，使用鼠标拖动适合在同一文档中进行操作，其他方式适合在不同文档进行操作。除了上面所讲的两种方法外，选中文本后，按下Ctrl+C组合键，到目标位置处按下Ctrl+V组合键，可以复制选中的文本。当执行了剪切和复制命令后，剪贴板上的内容并不会消失，可以进行多次粘贴。

8.2.4 查找和替换文档内容

在Word中，查找与替换是一项非常有用的功能，它可以帮助中老年朋友快速查找和定位文档的修改位置，并能快速修改文档中指定的内容。利用该功能可以快速在文档中查找和定位，也可以查找和替换长文档中特定的字符串、词组，特定的格式以及特殊字符等。

光盘同步文件

同步视频文件： 光盘\同步教学文件\第8章\8-2-4.mp4

1 查找文本

Word可以帮助我们在找到文档内容的同时，还可以将查找到的文档内容突出显示，但并不能对其进行更改，具体操作方法如下。

① 打开"导航"窗格。

打开文档，单击"开始"选项卡，在"编辑"功能组中单击"查找"按钮，如下图所示。

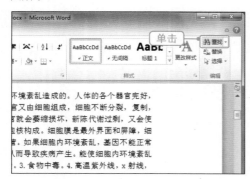

② 输入要查找的内容。

在窗口的左侧显示"导航"窗格，在文本框中输入要查找的内容，如"细胞"，此时在右侧的文档窗口中查找到符合查找条件的内容并呈黄色突出显示，如下图所示。

② 替换文本

替换内容与查找内容的操作方法相似，因为替换内容之前需要先查找到指定的内容，然后设置要替换的内容，最后进行替换。这种功能适用于在长文档中修改大量错误的文本。例如，将文档中的"——列举"替换为"逐一列举"。

① 打开"查找和替换"对话框。

单击"开始"选项卡，在"编辑"功能组中单击"替换"按钮，如下图所示。

② 替换查找到的内容。

弹出"查找和替换"对话框，❶在"查找内容"文本框中输入要查找的文本，在"替换为"文本框中输入要替换文本；❷单击"全部替换"按钮，如下图所示。

③ 完成替换。

此时Word将自动扫描整篇文档，并弹出一个提示对话框，提示Word已经完成对文档的替换次数，单击"确定"按钮即可完成对文档的替换操作，如右图所示。

疑难解答

问："查找和替换"对话框中的按钮有什么作用？

答：如果在对话框中单击"查找下一处"按钮，系统将以浅蓝色背景显示文档中要被替换的内容。如果单击"替换"按钮，将替换找到的内容。单击"查找下一处"按钮，则不替换当前选中的内容，而是继续查找下一处。如果在"替换为"文本框中不输入任何内容，将会删除搜索到的文本。

8.2.5 撤销和恢复操作

中老年朋友在进行文档输入、编辑或者其他处理时，难免会出现错误操作，此时不用着急，Word会将用户所做的操作记录下来，然后根据需要执行"撤销"或"恢复"操作。

光盘同步文件

同步视频文件： 光盘\同步教学文件\第8章\8-2-5.mp4

① 撤销操作

在进行撤销操作时，可以只撤销上一步的操作，也可以同时撤销多步操作。在 Word 2010中，用户还可以对撤销的步数进行自定义。下面我们来看看执行"撤销"的具体操作方法。

（1）撤销当前错误操作

单击快速访问工具栏上的"撤销"按钮 ，可以撤销上一步操作。

（2）撤销多步操作

① 单击"撤销"按钮旁边的小三角按钮 ；**②** 在弹出的下拉列表中单击需要撤销到的某一步操作，如右图所示。

② 恢复操作

恢复操作可恢复上一步的撤销操作；每执行一次恢复操作只能恢复一次撤销操作，如果需要恢复前面的多次操作，则需要执行多次恢复功能，具体操作方法如下。

单击快速访问工具栏中的"恢复"按钮 ，可恢复上一步的操作，如右图所示。

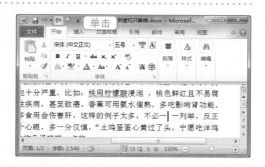

使用Word的重复功能

知识加油站　　　除了撤销与恢复外，Word还有一个"重复"功能，用户在输入文字或执行其他操作后，如果没有执行"撤销"命令，"恢复"按钮即变为"重复"按钮 ，单击该按钮可重复上一步操作。

8.3 运用Word 2010编排精美文档

Word 2010不仅可以创建和编辑文档，更有非常强大的排版功能，使用Word 2010可以轻松制作出美观的文档。下面就来介绍如何在Word 2010中进行格式设置。

8.3.1 设置文字格式

默认情况下，在新建的文档中输入文本时，文字以正文文本的格式也就是宋体、五号字输入。设置字体格式主要包括设置文字的字体、字号、字形、字体颜色等。中老年朋友可以根据自身情况，合理设置文字格式。

原始文件：	光盘\素材文件\第8章\中老年人养生保健知识.docx
结果文件：	光盘\结果文件\第8章\中老年人养生保健知识（字体设置）.docx
同步视频文件：	光盘\同步教学文件\第8章\8-3-1.mp4

① 设置字体

字体是指文字的外观样式，包括中文字体和西文字体。Windows操作系统自带了一些中文字体和西文字体，可以编辑一些标准文档。当然，如果要编辑样式复杂的文档，也可以根据需要在系统中安装其他字体。将文档中的标题文本设置为"黑体"，具体操作方法如下。

选择文档中的正文文本，单击"开始"选项卡，❶在"字体"功能组中单击"字体"下拉按钮；❷在弹出的下拉列表中便可看到各种字体的外观，单击目标字体"黑体"，即可将文档的正文字体设置为黑体，如右图所示。

② 设置字号

字号指的是文档中文字的大小，Word默认字号为五号。它支持两种字号表示方法：一种是用中文标准表示，如初号、一号、二号等，号值越大，文本的尺寸越小；另一种是用国际通用的"磅"来表示，磅值越大，文本的尺寸就越大。例如，将文档中的标题字号设置为"二号"，具体操作方法如下。

选择文档中的标题文本，单击"开始"选项卡，❶在"字体"功能组中单击"字号"下拉按钮；❷在弹出的下拉列表中单击目标字号"二号"，即可将标题文字设置相应的二号字，如右图所示。

如何快速设置字号

知识加油站

选中文本后，连续单击"字体"组的"增大字体"、"缩小字体"按钮，可以逐磅增大字号和缩小字号，按键盘上的Ctrl+]和Ctrl+[组合键也可以逐磅增大和减小字号，还可以直接在"字号"文本框中直接输入数值设置文字的大小。

③ 设置字形

字形是指外观形状，如加粗、倾斜、加粗与倾斜，使用字形可以使文字突出显示，例如很多文档标题都使用加粗效果。下面将文档中的标题字形设置为"加粗"，具体操作方法如下。

❶选择文档中的标题文本，单击"开始"选项卡，❷在"字体"功能组中单击"加粗"按钮，即可将标题文字设置为加粗样式，如右图所示。

④ 设置字体颜色

Word默认的文字颜色为黑色。在报刊、宣传文章等趣味型的文档中，常常需要通过设置文字颜色来美化文档和突出文档重点。下面将标题文字的颜色设置为深蓝色，具体操作方法如下。

选择文档中的标题文本，单击"开始"选项卡，❶在"字体"功能组单击"字体颜色"下拉按钮；❷在弹出的颜色列表中单击选择需要的颜色，如右图所示。

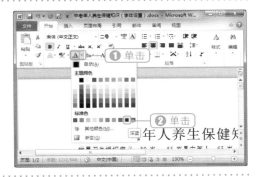

如何设置文字的其他颜色效果

在颜色列表中单击"其他颜色"命令，可以打开"颜色"对话框，用户可以选择或自定义更多的颜色；单击列表中的"渐变"命令，可以为选择的文字设置颜色的渐变效果。

⑤ 设置文本效果

设置文本效果是Word 2010的特色功能，使用该功能可以快速将文档中的普通文本设置为带艺术效果的艺术字，具体操作方法如下。

❶选中要设置文本效果的文字；❷单击"字体"功能组中的"文本效果"按钮；❸在弹出的下拉列表中单击需要的文本样式，如右图所示。

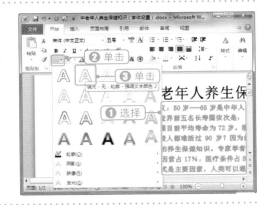

如何设置文字的其他艺术效果

在"文本效果"下拉列表中，通过"阴影"、"影像"和"发光"这3个选项，可以对文本效果进行进一步的艺术格式设置。

8.3.2 设置段落格式

段落是以按Enter键结束的一段文字。一般来说，一篇文档由多个段落组成，每个段落都可以设置不同的段落格式。

那么，什么是段落格式呢？段落格式是指段落的对齐方式、缩进方式、段间距、行间距等，通过设置段落格式，可以使文档的层次分明、结构突出，便于阅读。

原始文件：	光盘\素材文件\第8章\中老年人养生保健知识（字体设置）.docx
结果文件：	光盘\结果文件\第8章\中老年人养生保健知识（段落设置）.docx
同步视频文件：	光盘\同步教学文件\第8章\8-3-2.mp4

① 设置对齐方式

默认情况下，Word采用的是两端对齐方式，用户可以根据实际需要为段落设置对齐方式，例如将文档中的标题设置为居中对齐方式，其具体操作方法如下。

❶选中要对齐的标题文本；❷在"段落"功能组中单击"居中"按钮 ≡，即可将标题文本设置为居中对齐方式，如右图所示。

② 设置段落缩进

段落缩进是指段落相对左右页边距向页内缩进一段距离。段落缩进分为首行缩进、左缩进、右缩进及悬挂缩进。通过设置段落缩进，中老年朋友就可以快速找到段落的起始位置。例如，将文档中的段落设置为首行缩进两个字符，具体操作方法如下。

① 打开"段落"对话框。

❶通过单击，将光标定位到该段落；❷单击"段落"功能组右下角的"转到对话框"按钮 ，如下图所示。

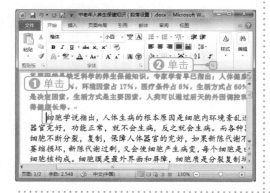

② 选择"首行缩进"选项。

打开"段落"对话框，❶在"特殊格式"下拉列表中选择"首行缩进"选项，磅值会自动设置为"2字符"；❷单击"确定"按钮，如下图所示。

③ 设置段间距

段间距是指段落之间的距离，包括段前距和段后距，段前距是指本段与上一段之间的距离，段后距是指本段与下一段之间的距离。例如，将文档中段落的段间距设置为"段前"和"段后""0.3行"，方法如下。

选择文档中的段落，打开"段落"对话框，❶设置"段前"和"段后"的数值为"0.3行"；❷单击"确定"按钮，如右图所示。

④ 设置行间距

行间距是指段落中各行文本之间的距离，Word默认的行距为单倍行距。行间距包括：单倍行距、1.5倍行距、2倍行距、最小值、固定值和多倍行距。例如，将文档中段落的段间距设置为"1.5倍行距"，具体操作方法如下。

选择文档中的段落，打开"段落"对话框，❶在"行距"下拉列表中选择"1.5倍行距"选项；❷单击"确定"按钮，如右图所示。

⑤ 插入项目符号

插入项目符号是格式化段落的一种方式，通过对段落设置特殊的格式来强调和突出该段落内容。例如，我们在文档中有特殊符号的位置插入项目符号，具体操作方法如下。

① 打开"定义新项目符号"对话框。

❶将光标定位到需要插入项目符号的段落中；**❷**单击"项目符号"下拉按钮；**❸**单击"定义新项目符号"命令，如下图所示。

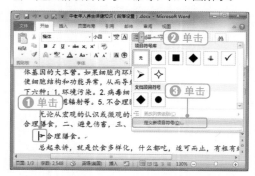

② 打开"符号"按钮。

打开"定义新项目符号"对话框，单击其中的"符号"按钮，如下图所示。

③ 选择新符号。

在"符号"对话框中，**❶**选择要使用的符号；**❷**单击"确定"按钮，如下图所示。

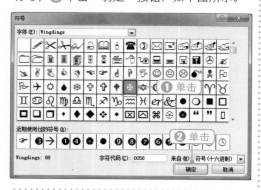

④ 完成符号的输入。

在返回的对话框中，单击"确定"按钮，即完成了符号的插入，如下图所示。

⑤ 删除多余字符。

此时在文档中将多余的字符删除，并设置其他需要插入项目符号的段落即可，如右图所示。

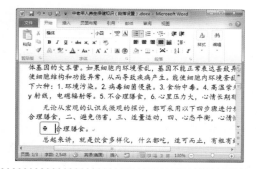

设置项目符号字符格式

知识加油站　通过"定义新项目符号"对话框，用户可以插入图片作为项目符号，也可以单独设置项目符号的字符，还可以设置项目符号的对齐方式。

⑥ 插入编号

我们在编辑文档时，有时需要对一些段落进行编号。当然，我们可以直接手动输入段落序号，但其格式与普通段落就没有什么差别，不利于阅读。其实，Word已经内置了许多编号样式，中老年朋友在使用时只需直接选择就可以了，具体操作方法如下。

① 选择编号样式。

❶ 将光标定位到需要插入编号的段落中；❷ 单击"编号"下拉按钮；❸ 选择一个编号样式，如下图所示。

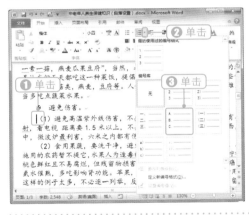

② 完成编号的插入。

此时在文档中将多余的字符删除，并设置其他需要插入编号的段落即可，如下图所示。

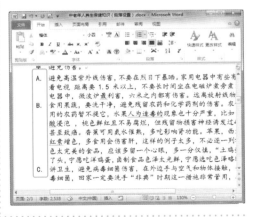

设置编号样式

知识加油站　与项目符号一样，用户也可以对编号进行自定义，在编号菜单中单击"定义新编号格式"命令，即可打开"定义新编号格式"对话框，在其中进行相应的格式设置即可。

8.3.3 设置文档的页面格式

页面格式设置是对Word文档的整体页面布局进行的一种操作，通过这种操作，中老年朋友可以美化自己编写的文档，使其赏心悦目。

原始文件：	光盘\素材文件\第8章\中老年人养生保健知识（段落设置）.docx
结果文件：	光盘\结果文件\第8章\中老年人养生保健知识（页面设置）.docx
同步视频文件：	光盘\同步教学文件\第8章\8-3-3.mp4

① 分栏排版

在Word的默认情况下，文档只有一栏，使用分栏排版功能可以将文档版面划分成多栏，使版面具有多样性和可读性。例如，将文档的正文分为两栏，并添加分隔线，具体操作方法如下。

①　打开"分栏"对话框。

❶选中文档中要分栏的内容；❷单击"页面布局"选项卡；❸在"页面设置"功能组中单击"分栏"按钮；❹在弹出的下拉列表中单击"更多分栏"命令，如下图所示。

②　设置分栏选项。

打开"分栏"对话框，❶在"预设"选项组中单击选择栏数；❷设置栏的宽度和间距；❸勾选"分隔线"复选框；❹单击"确定"按钮，如下图所示。

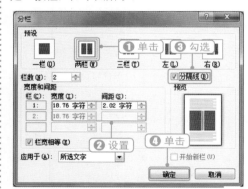

② 添加页面边框

添加页面边框是指为整个页面添加一个大边框，添加的页面边框效果将应用到当前文档的所有页面。下面我们以为文档添加页面边框为例进行介绍，具体操作方法如下。

①　打开"边框和底纹"对话框。

光标定位在文档中，❶单击"页面布局"选项卡；❷在"页面背景"功能组中单击"页面边框"按钮，如右图所示。

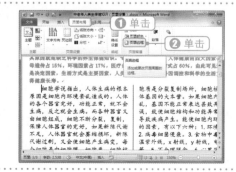

② 设置页面边框选项。

打开"边框和底纹"对话框，**①** 在"样式"下拉列表中选择一种样式；**②** 在"颜色"下拉列表中选择一种颜色；**③** 在"宽度"下拉列表中选择线条宽度；**④** 单击"确定"按钮，如右图所示。

3 设置页面背景

中老年朋友还可以为文档设置背景效果，添加的背景可以是单纯的颜色，也可以是渐变、纹理、图片背景等，以增加文档的阅读效果。下面以为文档添加橙色背景为例进行介绍，具体操作方法如下。

① 选择背景颜色。

单击"页面布局"选项卡，**①** 在"页面背景"功能组中单击"页面颜色"按钮；**②** 选择一种颜色，如橙色，如下图所示。

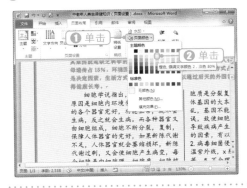

② 完成背景设置。

此时，页面即应用了所选背景颜色，如下图所示。

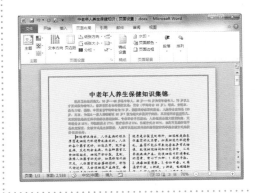

将图片设置为背景

知识加油站　　除了将背景设置为单一颜色外，用户还可以选择喜爱的图片作为页面的背景，只需单击"页面颜色"按钮，在下拉菜单中单击"填充效果"命令，打开"填充效果"对话框。

在"图片"选项卡中，通过单击"选择图片"按钮，在打开的对话框中选择一张图片，最后单击"确定"按钮就可以了，如右图所示。

8.3.4 快速设置文档样式

对于中老年朋友来说，Word内置的文档样式已经可以满足日常需要，通过选择这些文档样式可以快速格式化文档。下面以将文档样式设置为"流行"为例进行介绍，具体操作方法如下。

光盘同步文件

同步视频文件：光盘\同步教学文件\第8章\8-3-4.mp4

① 选择文档样式。

单击"开始"选项卡，❶在"样式"功能组中单击"更改样式"按钮；❷在"样式集"子菜单中选择一种样式，如"流行"，如下图所示。

② 完成文档样式的设置。

此时，文档即应用了所选文档样式，如下图所示。

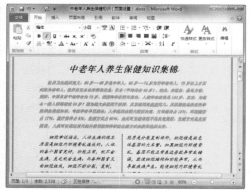

设置更多的样式元素

知识加油站　单击"更改样式"按钮，在弹出的下拉列表中，用户还可对文档样式的颜色、字体、段落间距等进行设置。

8.3.5 设置文档主题

对于中老年朋友来说，要对文档中的每一个元素进行设置显得过于烦琐，难度也较大，此时，可使用Word的主题功能为文档设置一个主题，就像Windows桌面主题一样，文档一次性应用了所有内置样式，省时又省力，具体操作方法如下。

光盘同步文件

同步视频文件：光盘\同步教学文件\第8章\8-3-5.mp4

① 选择内置主题。

单击"页面布局"选项卡，❶单击"主题"按钮；❷选择一个主题，如下图所示。

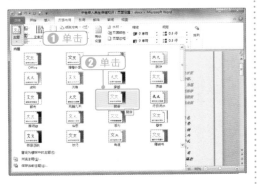

② 完成主题设置。

此时，文档即应用了所选主题，如下图所示。

8.3.6 图文并茂编辑文档

在Word中，除了能够编排普通文字外，还可以插入图片进行图文混排，使文档变得更加美观大方。下面为中老年朋友介绍使用图片美化文档的方法。

光盘同步文件

同步视频文件：光盘\同步教学文件\第8章\8-3-6.mp4

① 在文档中插入图片

Word支持的图片类型有WMF、JPG、GIF、BMP、PNG等多种格式。在Word中插入图片是比较常见的操作，具体操作方法如下。

① 打开"插入图片"对话框。

定位到文档中需要插入图片的位置，❶单击"插入"选项卡；❷在"插图"功能组中单击"图片"按钮，如右图所示。

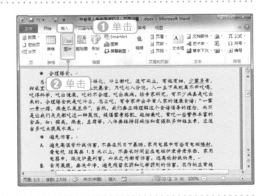

② 选择插入的图片。

弹出"插入图片"对话框，选择图片所在的位置，❶ 在列表中单击选中图片；❷ 单击"插入"按钮，如下图所示。

③ 完成图片的插入。

此时，选择的图片即被插入到文档中，如下图所示。

② 设置图片格式

在Word中插入的图片默认是嵌入在文档中的，中老年朋友可根据需要改变图片的大小与布局，具体操作方法如下。

① 指向要更改大小的图片。

选择文档中插入的图片，将鼠标指针放在图片右下角的控制点处，使鼠标指针呈形状，如下图所示。

② 拖动鼠标更改图片大小。

按住鼠标左键不放，拖动鼠标到合适的图片大小位置处，松开鼠标左键即可调整图片大小，如下图所示。

③ 设置图片样式。

❶选择图片；❷单击"格式"选项卡；❸在"图片样式"功能组的样式列表中单击图片样式，如"棱台透镜"，如下图所示。

④ 设置图片艺术效果。

❶选择图片，❷单击"艺术效果"按钮；❸在弹出的下拉列表中单击需要的样式，如下图所示。

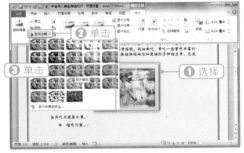

⑤ 设置图片文字环绕方式。

选择图片，❶在"排列"功能组中单击"自动换行"按钮；❷在弹出的下拉列表中选择文字环绕样式，如"四周型环绕"，如下图所示。

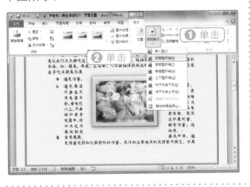

⑥ 调整图片位置。

选择要移动的图片，按住鼠标左键拖到目标位置即可完成图片的移动，如下图所示。

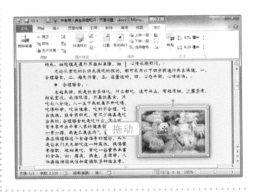

插入其他对象

知识加油站

在Word文档中，用户除了可以插入图片外，还可以插入剪贴画、各种线条形状、图示和图表等，其插入方法与插入图片基本一致。

8.4 在文档中插入表格 使数据一目了然

Word 2010不仅具有专业的文档编辑功能，还具有强大的表格制作功能。通过学习，中老年朋友可轻松创建和美化需要的表格。下面就来了解制作Word表格的相关知识。

8.4.1 创建表格

在Word 2010中，创建表格的方法非常简单，既可以通过"插入表格"对话框定制表格的行数与列数，又可以在"插入"选项卡中直接拖动出需要的表格样式。下面我们以通过"插入表格"对话框创建表格为例，介绍创建表格的方法。

光盘同步文件

同步视频文件：光盘\同步教学文件\第8章\8-4-1.mp4

① 单击"插入表格"命令。

❶在"插入"选项卡中单击"表格"按钮；❷单击"插入表格"命令，如下图所示。

② 设置表格的行数与列数。

❶分别设置列数与行数；❷单击"确定"按钮，如下图所示。

③ 输入表格内容。

依次在表格的单元格中输入数据即可，如右图所示。

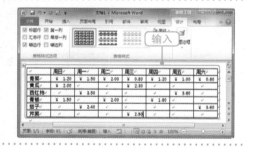

问：如何使用拖动法创建表格？

答：除了上述方法可以创建表格外，用户还可以使用拖动的方法快速创建标准表格，在"插入"选项卡中，单击"表格"按钮，此时弹出的下拉列表中会显示许多方格，将鼠标指针移动到相应的方格上单击，即可创建相应行与列的表格，如右图所示。

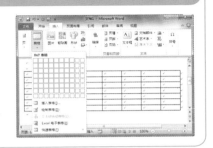

8.4.2 编辑表格

表格的行、列操作是表格编辑的主要操作，主要包括选择表格内容，插入与删除行、列及设置行高、列宽等。下面分别进行讲解。

光盘同步文件

同步视频文件：光盘\同步教学文件\第8章\8-4-2.mp4

① 选择行、列

对表格进行选择一般有5种情况，选择单元格、选择整行、选择整列、选择多个单元格及选择整个表格。

- **选择单元格**：单击需要选择的单元格即可选中。
- **选择整行**：将鼠标指针移至所选行左端，当光标变为 ➡ 形状时单击即可。
- **选择整列**：将鼠标指针移至所选列上端，当光标变为 ⬇ 形状时单击即可。
- **选择多个单元格**：单击起始单元格，然后拖动鼠标即可。
- **选择整个表格**：将鼠标指针指向表格范围时，在表格的左上角将会出现选择表格工具按钮 ⊞，单击该按钮即可选择整个表格。

② 插入行、列

如果在制作表格过程中发现创建的表格行数或列数不足，可在表格中插入新的行或列。下面以在表格中添加一个新行为例进行介绍，具体操作方法如下。

① **单击"在下方插入"按钮。**

❶在表格中单击，将光标定位到相应位置；❷单击"布局"选项卡；❸单击"在下方插入"按钮，如右图所示。

② 输入表格内容。

此时会在当前行下方新插入一行，直接在新行中输入文本内容即可，如右图所示。

在表格中插入列

知识加油站　　在表格中插入列的方法与插入行类似，只需定位光标后，单击"在左侧插入"或"在右侧插入"按钮即可。

③ 删除行、列

如果在制表过程中产生了多余的行或列，用户也可将它们删除。在删除时，中老年朋友可选择删除某个单元格，也可选择删除整行或整列，具体操作方法如下。

❶在表格中单击，将光标定位到相应位置；❷单击"删除"下拉按钮；❸单击"删除行"命令，如右图所示。

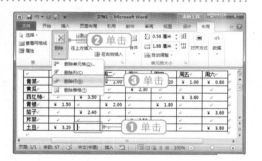

删除表格的方法

知识加油站　　删除表格中的行、列时，不能通过按键盘上的Delete键来删除，因为按Delete键只能删除行或列中的内容，而不能删除表格线。如果要删除整个表格，可以先选中整个表格，然后在"开始"选项卡中单击"剪切"按钮。

8.4.3　格式化表格

在制作Word表格时，除了创建基本的表格框架和输入表格内容外，还应对表格进行适当的格式设置，使其更加美观。下面我们来学习设置表格格式的方法。

① 设置表格边框

表格边框分为外边框和内边框。一般来说，表格的外框线要比内框线更粗一些。设置表格边框的具体方法如下。

① 选择"边框和底纹"命令。

❶ 在表格的单元格中单击定位光标；❷ 在"设计"选项卡中单击"边框"下拉按钮；❸ 单击"边框和底纹"命令，如下图所示。

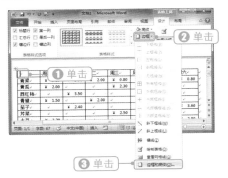

② 设置内边框。

❶ 单击选择一种样式；❷ 在"颜色"下拉列表中选择一种颜色，如橙色；❸ 分别单击中间横线和中间竖线按钮，如下图所示。

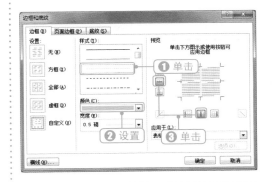

③ 设置外边框。

❶ 单击选择另外一种样式；❷ 在"颜色"下拉列表中选择一种颜色并设置线宽；❸ 分别单击顶端横线和底端横线按钮；❹ 单击"确定"按钮，如下图所示。

④ 完成边框设置。

此时即完成了表格边框的设置，如下图所示。

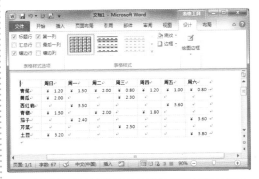

② 设置表格底纹

在制作表格时，为了区分标题与内容，可为标题行设置不同的底纹颜色，还可以为表格中间隔设置不同底纹。设置底纹的具体方法如下。

① 设置标题行底纹。

❶选中表格中的第一行；❷单击"设计"选项卡中的"底纹"按钮；❸选择一种底纹颜色，如浅绿色，如下图所示。

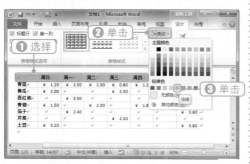

② 设置单元格底纹。

❶分别选中表格中需要设置底纹的单元格；❷单击"底纹"按钮；❸选择一种底纹颜色，如蓝色，如下图所示。

在表格中填充底纹图案

知识加油站

除了在表格中填充颜色外，用户还可以在表格中填充图案，只需在"边框和底纹"对话框中，切换到"底纹"选项卡，然后选择相应图案及颜色即可。

8.5 预览和打印文档

编排完文档后，中老年朋友可以根据需要将文档打印出来。打印文档之前还需要对页面进行设置，设置完毕后还可以对进行打印预览，如果预览效果不满意，可以对文档进行修改，直到预览满意后再直接打印出来。

8.5.1 文档的页面设置

文档的页面设置是文档打印输出前的必备工作，包括设置纸张大小、纸张方向、页边距等。

光盘同步文件

同步视频文件：光盘\同步教学文件\第8章\8-5-1.mp4

① 设置纸张大小

要对文档进行打印，首先要确定打印纸张的大小，Word 2010为用户提供了多种常用纸型。常用的纸张大小有A3、A4、B5、16开、32开等。设置纸张大小的方法如下。

❶单击"页面布局"选项卡；❷在"页面设置"功能组中单击"纸张大小"按钮；❸在弹出的纸张大小列表中单击需要的纸张大小，如右图所示。

② 设置纸张方向

在Word中，纸张有两个使用方向，一是纵向使用，一般正规文档均使用纵向纸张；二是横向使用，编辑特殊文档时可使用横向纸张，如制作贺卡、横向表格、宣传页等，中老年朋友可以根据需要进行选择。设置纸张方向的方法如下。

❶单击"页面布局"选项卡；❷在"页面设置"功能组中单击"纸张方向"按钮；❸选择纸张的方向，如"纵向"，如右图所示。

③ 设置页边距

页边距是文本区到页边界的距离，我们可以使用Word 2010预设的页边距，如普通、窄、适中、宽，也可以自定义页边距，操作方法如下。

① 打开"页面设置"对话框。

单击"页面布局"选项卡，在"页面设置"功能组中单击右下角的"转到对话框"按钮 ⬚，如右图所示。

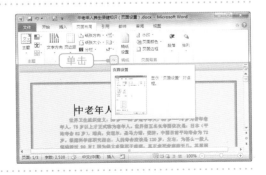

Chapter 01
Chapter 02
Chapter 03
Chapter 04
Chapter 05
Chapter 06
Chapter 07
Chapter 08

② 设置页边距。

弹出"页面设置"对话框，**❶** 在"页边距"区域设置页边距的大小；**❷** 单击"确定"按钮，如右图所示。

8.5.2 预览文档

将文档进行打印输出之前，可以先预览打印效果，通过预览查看文档打印出来的实际效果，如果对预览效果不满意，可以返回编辑界面进行编辑和修改，直到符合要求后再进行打印输出。

光盘同步文件

同步视频文件： 光盘\同步教学文件\第8章\8-5-2.mp4

① 单击"打印"命令。

❶ 单击"文件"按钮；**❷** 在弹出的"文件"菜单中，单击"打印"命令，如下图所示。

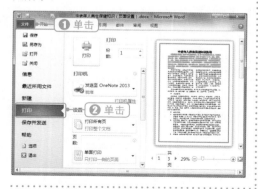

② 显示打印效果。

在窗口右侧区域显示文档的预览效果，通过缩放标尺可放大或缩小查看，如下图所示。

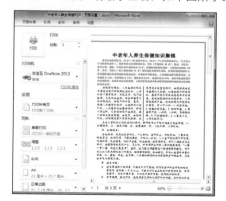

8.5.3 打印文档

查看预览效果后，如果觉得没有问题，就可以通过打印机来打印了。在进行打印时，需要对打印参数进行相关设置，具体操作方法如下。

光盘同步文件

同步视频文件：光盘\同步教学文件\第8章\8-5-3.mp4

❶单击"文件"按钮；❷在弹出的"文件"菜单中单击"打印"命令，❸在"打印"设置区域中设置打印份数、打印范围、打印方式、页面设置等；❹单击"打印"按钮即可开始打印，如右图所示。

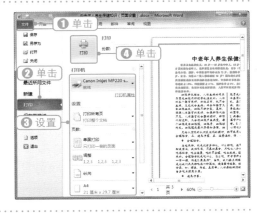

Chapter

09

使用Excel管理家庭账目

本章导读

　　Excel一般用于数据的分析与处理。使用Excel 2010不仅可以轻松创建各种数据表格，还可以根据表格中的数据生成统计图表，方便地管理家庭账目。本章主要介绍Excel 2010的基础知识和一般应用，满足中老年朋友的日常需求。

知识技能要求

　　通过本章内容的学习，读者应该学会使用Excel创建并管理电子表格的方法及相关操作。学完后需要掌握的相关技能知识如下。

❖ 掌握Excel的基本操作
❖ 熟悉Excel的工作界面
❖ 掌握编辑表格数据的方法
❖ 掌握编辑单元格、行和列的方法
❖ 掌握设置表格格式的方法
❖ 了解公式与函数的使用
❖ 掌握保存与打印工作簿的方法

熟悉Excel 2010基本操作

Excel是目前较为流行的用于财务处理、数据分析的电子表格软件，它集文字、数据、图形、图表等多种信息于一体，以表格形式完成各种分析计算、分析管理工作。中老年朋友可以使用Excel来创建家庭账目，以管理日常开支。

9.1.1 熟悉Excel的工作界面

Excel的用途非常广泛，不管是在生活中还是工作中，都可见到它的身影。通过Excel 2010，用户可以实现家庭理财、支出统计等生活应用。Excel 2010的工作界面如下图所示。

工作界面各组成部分的作用如下表所示。

组 成	作 用
快速访问工具栏	用于快速执行常用命令，如"保存"、"撤销"、"重复"等命令，用户也可对其进行自定义
标题栏	用于显示当前的文档名称
窗口控制按钮	用于对文档窗口进行控制和关闭文档
功能区	包括选项卡和命令按钮两部分，除了第一个"文件"选项卡下集成的是菜单命令外，其他选项卡下集成的都是功能按钮，系统将功能区的按钮功能划分为一个一个的组，称为功能组。在某些功能组右下角有"转到对话框"按钮，单击该按钮可以打开相应的对话框，打开的对话框中包含了该工具组中的相关设置选项；在功能区的右上方还有"功能区最小化"按钮，用于暂时关闭功能区以显示更多的工作区域
公式编辑栏	用于显示或编辑输入的函数与公式，左端的名称框显示当前单元格的名称；右端的编辑栏显示函数与公式及相关的操作按钮
工作区	用于显示或编辑表格内容的工作区域，工作区中总有一个单元格处于选中状态。功能区左侧和上方的行号与列标用于确定单元格的位置
工作表操作栏	显示了工作簿中包含的所有工作表，用于对工作表进行切换、添加、删除等常规操作
状态栏	用于显示当前操作信息，还可用于进行视图切换和文档缩放

9.1.2 工作簿的基本操作

工作簿是由Excel创建的文档，它是Excel工作区中一个或多个工作表的集合，其扩展名为".xlsx"（Excel 2003及以前版本创建的文档扩展名为".xls"）。下面我们来学习工作簿的创建、保存和关闭方法。

 光盘同步文件

同步视频文件：光盘\同步教学文件\第9章\9-1-2.mp4

1 创建工作簿

与Word一样，当我们启动Excel时，即自动创建了一个空白工作簿。中老年朋友也可像在Word中创建Word文档一样，在Excel中新建工作簿，其操作方法如下。

❶在"文件"菜单中单击"新建"命令；❷单击"空白工作簿"按钮；❸单击"创建"按钮，如右图所示。

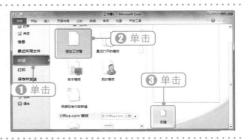

2 保存工作簿

在首次执行保存工作簿操作时，会自动打开"另存为"对话框，提示用户为工作簿设置保存位置和文件名。保存工作簿的具体操作方法如下。

1 单击"保存"命令。

❶单击"文件"菜单；❷单击"保存"命令，如下图所示。

2 设置文件存放位置和名称。

❶设置保存位置和文件名；❷单击"保存"按钮，如下图所示。

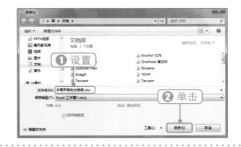

保存工作簿的其他方法

知识加油站　　用户也可通过单击快速访问工具栏中的"保存"按钮或者按下Ctrl+S组合键来保存工作簿。

③ 关闭工作簿

关闭工作簿的方法与Word基本一致，一般有以下4种。

● 在"文件"菜单中单击"关闭"命令。

● 单击左上角的Excel图标，在弹出的菜单中单击"关闭"命令。

● 按下Alt＋F4组合键。

● 直接单击右上角的"关闭"按钮 ▄▄▄▄▄ 。

9.1.3 工作表的一般操作

工作表是显示在工作簿窗口中的表格。工作表是由单元格组成的，单元格由行与列来确定，行的编号用数字表示，列的编号用字母表示。一个单元格的位置就是行与列的组合，如，A1单元格即代表第一行与第一列所示的单元格。

作为工作簿的重要组成，工作表也是可以进行编辑的。下面介绍工作表的基本操作方法。

光盘同步文件

同步视频文件：光盘\同步教学文件\第9章\9-1-3.mp4

① 插入工作表

在工作簿中，默认内建了3张工作表，分别为Sheet1、Sheet2及Sheet3，如果用户需要添加更多的工作表，只需在窗口下方的工作表操作栏中单击"插入工作表"按钮 ▱ ，即可在操作栏的最后新插入一个工作表。

② 删除工作表

对于创建的多余工作表，可通过工作表操作栏进行删除，具体操作方法如下。

❶ 在需要删除的工作表上单击右键；
❷ 单击"删除"命令，如右图所示。

问：若不想删除工作表，又不想让其显示出来，该怎么办？

疑难解答

答：如果不想删除某一工作表，又不想让其显示，可将该工作表隐藏起来，只需右击要隐藏的工作表，单击"隐藏"命令即可；若要恢复显示，可右击任意工作表，单击"取消隐藏"命令。

③ 移动或复制工作表

在创建一些有关联的工作表时，若某一工作表所处的位置不太合理，中老年朋友可通过工作表操作栏快速移动工作表，具体操作方法如下。

① 单击"移动或复制"命令。

① 在需要移动或复制的工作表上单击右键；**②** 单击"移动或复制"命令，如下图所示。

② 选择工作表存放的目标位置。

① 在"下列选定工作表之前"列表中单击选择相应的位置；**②** 单击"确定"按钮，如下图所示。

知识加油站 复制工作表

如果要复制该工作表，可在"移动或复制工作表"对话框中勾选"建立副本"复选框并单击"确定"按钮。

④ 重命名工作表

工作表默认名称为英文，中老年朋友可以根据工作表中的内容对工作表进行重命名，具体操作方法如下。

① 单击"重命名"命令。

① 在需要重命名的工作表上单击右键；**②** 单击"重命名"命令，如下图所示。

② 重命名工作表。

此时工作表名即变为可编辑状态，输入文字并按Enter键即可，如下图所示。

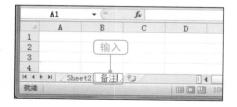

在Excel中输入与编辑买菜支出

Excel最主要的功能是对数据进行处理和分析，下面我们来了解输入与编辑表格数据的方法。

9.2.1 表格数据的一般操作

在Excel中，对数据的操作其实都是基于单元格来完成的，通过操作单元格，我们可以完成选择数据、输入数据、设置数据类型及删除数据等基本操作。

光盘同步文件

同步视频文件：光盘\同步教学文件\第9章\9-2-1.mp4

① 选择单元格

单元格是工作表最小的组成单位，要想对表格数据进行操作，首先要掌握选择单元格的方法。下面介绍不同情况下选择单元格的操作方法。

- **选择单个单元格**：在工作表中单击相应的单元格即可。
- **选择多个连续单元格**：在工作表中单击相应单元格，按住左键进行拖动，即可选定多个连续单元格。
- **选择行或列**：若要选中工作表中的一整行或一整列，只需单击工作表左侧相应行号或单击工作表上方相应列标即可。
- **选择多个不连续单元格**：按住Ctrl键，分别单击多个单元格，即可选定这些单元格。
- **选择工作表中的所有单元格**：在当前工作表中，按下Ctrl+A组合键即可选定所有单元格。

② 输入数据

中老年朋友需要注意，在Excel中输入数据的方法与在Word中稍有不同，因为每个单元格都是一个数据单元，所以需要先选中相应的单元格再输入数据。如在A1单元格输入文本"本周买菜支出明细"，具体操作方法如下。

① 选择单元格。

❶单击需要输入数据的单元格；❷根据需要切换输入法，如下图所示。

② 输入数据。

直接输入数据并按Enter键即可，如下图所示。

在单元格中输入新数据

知识加油站

如果原单元格中有内容，选中该单元格后，若直接输入，则会将原有数据覆盖掉；如果要在原有数据后添加新的内容，可双击该单元格，在光标处输入新的内容并按Enter键。

③ 设置数据类型

我们在输入数据时，经常需要输入一些特殊类型的数据，如整数数字、带小数的数字、货币性数字、编号、百分号等，中老年朋友只需在相应单元格上设置特殊类型即可。下面将表中的数据设置为货币格式，具体操作方法如下。

① 选择单元格。

❶选择相应的单元格区域；❷单击"会计数字格式"按钮，如下图所示。

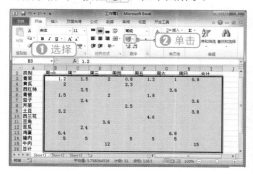

② 设置数据格式。

此时即完成了货币格式的设置，如下图所示。

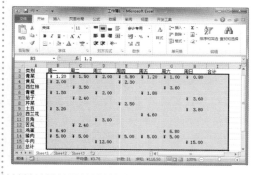

设置数据的单元格格式

知识加油站

在"数字"功能组中的"数字格式"下拉列表（默认显示的是"会计专用"数据类型）中，用户可以选择不同的数据类型，不仅可以将数据设置为货币格式，还可以设置为日期、百分比、科学计数、文本等格式。若要进行更详细的设置，还可单击"数字"功能组的"转到对话框"按钮 ，打开"设置单元格格式"对话框，在其中对数据格式进行详细设置。

④ 删除数据

删除数据分为两种情况，一种是清除单元格中的内容，一种是将整个单元格删除。要清除单元格的内容，只需右击所选单元格，在弹出的快捷菜单中单击"清除内容"命令即可。如果要删除包含数据的单元格，可通过以下方法完成。

① 单击"删除"命令。

❶右击需要删除的单元格；❷单击"删除"命令，如下图所示。

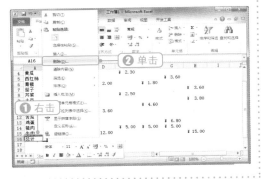

② 设置删除选项。

打开"删除"对话框，❶选择相应选项，如选中"下方单元格上移"单选按钮；❷单击"确定"按钮，如下图所示。

删除整行或整列

知识加油站

若要删除整行或整列，可在"删除"对话框中选中"整行"或"整列"单选按钮，单击"确定"按钮即可将单元格所在行或列删除。

⑤ 插入单元格

我们在编辑数据过程中，有时需要在工作表中插入新的单元格或行与列，下面以在工作表中插入一个新列为例进行介绍，具体操作方法如下。

① 插入工作表列。

①在工作表中单击相应的单元格；**②**单击"插入"下拉按钮；**③**单击"插入工作表列"命令，如下图所示。

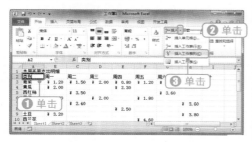

② 在工作表列中输入内容。

此时即在所选单元格的左侧插入了一个新列，直接输入数据内容即可，如下图所示。

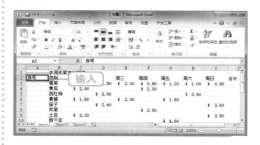

9.2.2 快速填充数据

使用Excel 2010的自动填充数据功能，可以在单元格中快速填充满足一定条件的数据，如自动填充递增、递减、成比例数据等。下面以在工作表中自动填充序号为例进行介绍，具体操作方法如下。

光盘同步文件

同步视频文件：光盘\同步教学文件\第9章\9-2-2.mp4

① 输入前两个序号。

在"序号"列，分别在A3、A4单元格中输入前两个序号，如下图所示。

② 自动填充其他序号。

①同时选中前两个含有递增数据的单元格，如A3、A4；**②**将指针指向A4单元格右下角，当指针变为 ╋ 形状时，按住并拖动鼠标到适当位置，如下图所示。

③ **完成自动填充。**

此时即完成了其他序号的自动填充，如右图所示。

9.2.3 移动和复制数据

在使用Excel 制表时，我们往往会用到移动和复制操作来移动和复制工作表中的数据，以减少重复劳动，这对中老年朋友来说尤为实用。下面我们来介绍移动和复制数据的方法。

 光盘同步文件

同步视频文件：光盘\同步教学文件\第9章\9-2-3.mp4

1 移动数据

移动数据是指将某一单元格或单元格区域中的数据移动到工作表其他位置或其他工作表和工作簿中。该操作可以通过"剪切"和"粘贴"命令来完成，具体操作方法如下。

① **进行"剪切"操作。**

❶单击左上角的矩形按钮 ，选择整个单元格区域；❷单击"剪切"按钮，如下图所示。

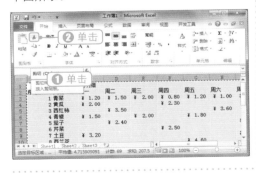

② **粘贴数据。**

若要移动到Sheet2工作表，❶可单击Sheet2工作表；❷单击"粘贴"按钮，如下图所示。

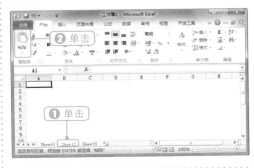

② 复制数据

复制数据是指将某一单元格或单元格区域中的数据复制到工作表其他位置或其他工作表和工作簿中。该操作可以通过"复制"和"粘贴"操作来完成，具体操作方法如下。

① 进行"复制"操作。

① 选择要复制的单元格；**②** 单击"复制"按钮 ▤，如下图所示。

② 粘贴数据。

若要复制到工作表中的其他单元格，**①** 可单击新单元格；**②** 单击"粘贴"按钮，如下图所示。

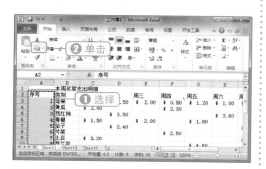

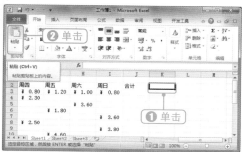

9.2.4 查找和替换数据

Excel提供的查找与替换功能与Word类似，可以帮助中老年朋友查找工作表中的文本与数据。下面介绍查找和替换数据的方法。

光盘同步文件

同步视频文件：光盘\同步教学文件\第9章\9-2-4.mp4

① 查找数据

查找功能可以帮助用户迅速定位相应的关键词，这在表格中的数据量比较大时非常有用。在工作表中查找指定数据的具体操作方法如下。

① 单击"查找"命令。

在"开始"选项卡中，**①** 单击"查找和选择"下拉按钮；**②** 单击"查找"命令，如右图所示。

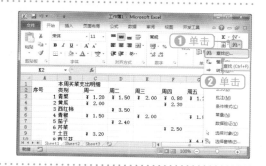

② 查找关键词。

打开"查找和替换"对话框，❶ 在"查找内容"文本框中输入关键词；❷ 单击"查找下一个"按钮，如右图所示。

② 替换数据

替换功能是在查找功能的基础上，对查找到的关键词进行更改，具体操作方法如下。

① 单击"替换"命令。

❶ 单击"查找和选择"下拉按钮；❷ 单击"替换"命令，如下图所示。

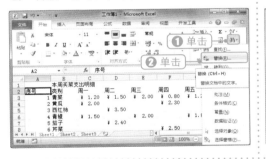

② 替换关键词。

❶ 分别输入查找内容和替换的关键词；❷ 单击"替换"按钮，如下图所示。

9.2.5 美化表格格式

输入表格数据后，还需要对表格进行适当的设置，使其更加美观。下面就来介绍表格格式化的相关知识。

光盘同步文件

同步视频文件：光盘\同步教学文件\第9章\9-2-5.mp4

① 设置字体格式

在Excel中设置字体格式的方法与Word基本一致，具体操作方法如下。

① 设置数据字体。

❶单击要设置字体的单元格；❷单击"字体"下拉按钮；❸选择一种字体，如"黑体"，如下图所示。

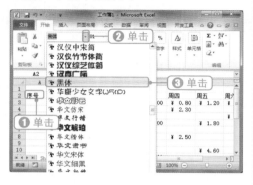

② 设置字体字号。

❶单击"字号"下拉按钮；❷选择一种字号，如12，如下图所示。

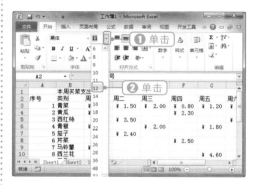

③ 设置字体颜色。

❶单击"字体颜色"下拉按钮；❷选择一种颜色，如紫色，如下图所示。

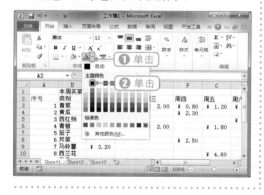

④ 设置其他数据字体。

按照相同的办法为其他单元格设置字体即可，如下图所示。

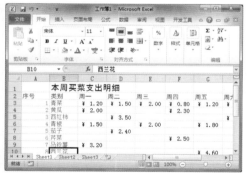

② 设置对齐方式

在Excel中，数字默认为右对齐，文本默认为左对齐，中老年朋友可根据需要对对齐方式进行调整，比如，将主标题设置为合并居中对齐，分类标题设置为居中对齐等，具体操作方法如下。

1 设置合并后居中。

❶选中A1:J1单元格区域；❷单击"对齐方式"功能组中的"合并后居中"按钮，如下图所示。

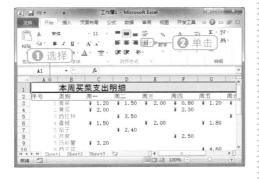

2 设置分类标题居中对齐。

❶选中A2:J2单元格区域；❷单击"对齐方式"功能组中的"居中"按钮，如下图所示。

3 设置序号左对齐。

❶选中A3:A16单元格区域；❷单击"对齐方式"功能组中的"文本左对齐"按钮，如下图所示。

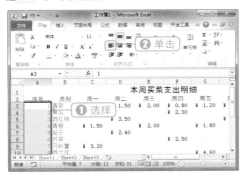

4 完成对齐方式设置。

此时即完成了对齐方式的设置，如下图所示。

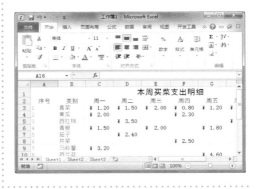

③ 设置行高与列宽

在Excel中设置行高与列宽非常容易，既可以用鼠标直接拖动调整行高和列宽，也可以通过对话框进行精确调整。下面以通过对话框调整行高和列宽为例进行介绍，具体操作方法如下。

① 打开"行高"对话框。

选中需要设置的表格区域，❶在"开始"选项卡的"单元格"功能组中单击"格式"下拉按钮；❷在弹出的下拉列表中单击"行高"命令，如下图所示。

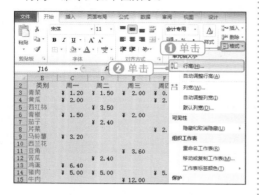

② 设置"行高"值。

打开"行高"对话框，❶输入"行高"的值为"20"；❷单击"确定"按钮，如下图所示。

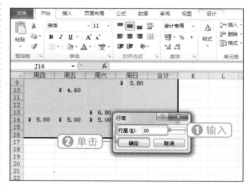

③ 设置"列宽"值。

同样，从"格式"下拉列表中单击"列宽"命令，打开"列宽"对话框，❶输入"列宽"的值为"8"；❷单击"确定"按钮，如下图所示。

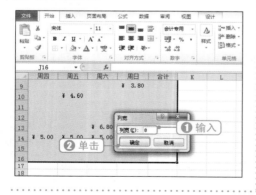

④ 完成行高与列宽的设置。

此时，即完成了对表格中各单元格行高与列宽的统一设置，效果如下图所示。

④ 套用表格样式

在Excel中，每一个单元格都有边线，但这只是为了便于用户识别，在纸上是打印不出来的，如果要想打印表格边框，用户需要为单元格区域设置边框线和样式，当然也可以为单元格设置底纹。

为工作表设置边框和底纹的方法与Word类似，下面我们介绍一种快速设置边框和底纹的方法，那就是套用表格样式。通过它，中老年朋友可以快速制作出精美的工作表边框和底纹，具体操作方法如下。

① 选择表格格式。

❶ 在"样式"功能组中单击"套用表格格式"按钮；❷ 在弹出的下拉列表中选择一种样式，如下图所示。

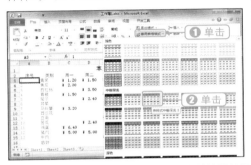

② 选择套用单元格区域。

❶ 框选需要应用样式的单元格区域或直接在"创建表"对话框中输入；❷ 单击"确定"按钮，如下图所示。

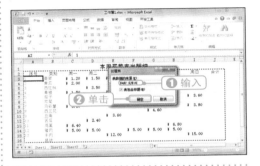

③ 完成表格格式套用。

此时即完成了对所选单元格边框和底纹的快速设置，如右图所示。

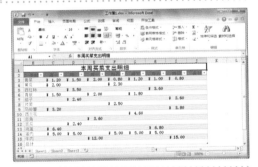

9.3 计算和处理每日账目

公式与函数是Excel中重要的数据计算工具，在工作表中，一切运算都需要公式与函数的帮助。通过公式与函数，中老年朋友可以计算和处理每天的日常账目，下面就来学习使用公式与函数计算数据的方法。

9.3.1 公式计算

公式是可以进行以下操作的方程式：执行计算、返回信息、操作其他单元格的内容、测试条件等。公式始终以等号"＝"开头。

我们可以使用常量和运算符创建简单公式，也可以使用函数创建公式，也就是说，公式中可以包括函数运算，而Excel中也提供了大量不同类型的函数供用户使用。

创建公式时可以直接在单元格中输入，也可以在编辑栏里输入。公式的格式主要包括3个部分。

- **"＝"符号**：表示用户输入的内容是公式而不是数据。
- **运算符**：表示公式执行的运算方式。
- **引用单元格**：指参与运算的单元格名称，如A1、B1、C3等。

普通公式与一般的等式差不多，最大的区别在于，"＝"号是写在前面，而不是我们习惯的写在后面。下面我们以计算一周某种蔬菜的合计支出为例进行介绍，具体操作方法如下。

原始文件：	光盘\素材文件\第9章\本周买菜支出明细.xlsx	
结果文件：	光盘\结果文件\第9章\本周买菜支出明细（合计）.xlsx	
同步视频文件：	光盘\同步教学文件\第9章\9-3-1.mp4	

① 选择单元格。

在工作表中选中需要输入公式的单元格，如单击J3单元格，如下图所示。

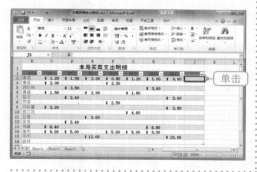

② 输入公式。

输入公式"=C3+D3+E3+F3+G3+H3+I3"并按Enter键即可，如下图所示。

③ 选择向下覆盖命令。

此时即会计算出该种类蔬菜一周的合计支出，❶单击下一单元格旁的"自动更正选项"按钮；❷单击"使用此公式覆盖当前列中的所有单元格"命令，如右图所示。

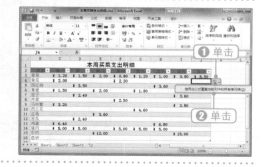

④ 完成支出合计计算。

此时即会自动将公式应用到该列的所有单元格中，其他种类蔬菜的一周支出也计算出来了，如右图所示。

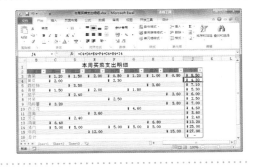

疑难解答

问：在工作表中，能否手动填充计算结果?

答：通过我们前面所讲的快速填充数据的方法，用户可以将计算结果进行手动填充，在含有公式的单元格右下角单击并按住鼠标向下拖动，到需要填充计算公式的单元格区域即可。

9.3.2 函数计算

使用函数与使用公式的方法相似，每一个函数的输入都要以"＝"开头，然后接着输入函数的名称，再接着输入一对括号，括号内为参数，参数之间用逗号分隔，例如求平均值函数的表达式"＝AVERAGE(B2:D2)"，此函数将计算B2到D2单元格区域的平均数值。

如果能够记住函数的名称、参数，则可直接在单元格中输入函数，如果不能确定函数的拼写或参数，可以使用函数向导插入函数。

下面以使用求和函数SUM来计算当天买菜支出总计为例，介绍函数的使用方法。

原始文件：	光盘\素材文件\第9章\本周买菜支出明细（合计）.xlsx
结果文件：	光盘\结果文件\第9章\本周买菜支出明细（总计）.xlsx
同步视频文件：	光盘\同步教学文件\第9章\9-3-2.mp4

① 插入函数。

在工作表中，❶单击需要插入函数的单元格；❷单击"插入函数"按钮 f_x，如右图所示。

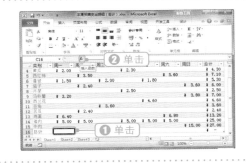

② 选择函数。

打开"插入函数"对话框，❶在列表中单击选择相应的函数，如SUM；❷单击"确定"按钮，如下图所示。

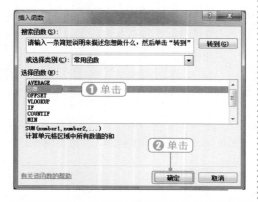

③ 输入函数参数。

在"函数参数"对话框中，❶输入函数的参数，如"C3:C15"（一般情况下，软件会自动识别要计算的单元格区域，保持默认即可）；❷单击"确定"按钮，如下图所示。

④ 向右填充公式。

将C16单元格中的公式向右拖动，填充到相应单元格区域，如下图所示。

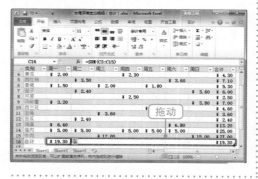

⑤ 完成支出总计计算。

此时即会计算出每天的买菜总计支出及一周买菜总计支出，如下图所示。

网上搜索与下载资源

本章导读

　　互联网上有着丰富的文本、音乐、视频、软件等信息资源，通过电脑上网，中老年朋友可以在网上查询信息、读书看报和网上娱乐等。本章主要介绍网上冲浪的基本操作，以及网上资源信息的搜索与下载方法。

知识技能要求

　　通过本章内容的学习，读者应该学会浏览和下载网上资源的方法及相关操作。学完后需要掌握的相关技能知识如下。

❖ 了解常见网络接入方式
❖ 了解使用ADSL接入网络的方法
❖ 了解使用路由器共享网络的方法
❖ 掌握使用浏览器浏览网页的方法
❖ 掌握收藏网页的方法
❖ 掌握网上搜索信息的方法
❖ 掌握网上下载资源的方法

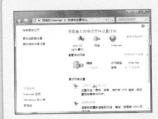

将电脑接入互联网

随着电脑与网络技术的普及，越来越多的中老年人也开始像年轻人一样接触互联网。对于刚开始学习上网的中老年朋友来说，首先需要了解将电脑接入互联网的方法。

10.1.1 常用的网络接入方法

随着信息技术的发展，一些比较旧的上网方式逐渐被淘汰，一些采用新技术的上网方式又应运而生。现在，人们可以通过各种方式接入互联网，其中最常见的，也是大多数中老年朋友选用的上网方式有3种：ADSL上网、小区宽带上网以及越来越热门的无线上网。

① ADSL上网

ADSL上网是目前最普遍的一种上网方式，它与普通电话共用线路，而且不影响正常通信。ADSL具有接入方便、传输速度快等优点，支持最高8Mbps的下行数据传输速率和最高640Kbps的上行数据传输速率，特别适合家庭用户。

ADSL的优势主要有以下3个方面。

- **覆盖面广**：只要能安装电信固定电话，通常就可以安装宽带。
- **运行速度快**：常规的2MB带宽就能够满足用户的各种上网需求了，如看电影、玩网络游戏等。
- **运行稳定**：ADSL带宽为用户专享，不会受周围使用ADSL用户的影响。

除了上述优点外，相对社区宽带而言，ADSL存在以下两个显著的缺点。

- **安装费用高**：安装宽带前需要先安装电话，并且需要为Modem之类的设备支付费用。
- **使用费用高**：ADSL的资费一般均高于各类社区宽带，同时搭载的电话也需要每月支付额外的月租费。

> **知识加油站**　**如何申请ADSL拨号上网**
>
> 　　要使用ADSL上网，需要到当地电信部门申请，在电信部门申请了ADSL拨号上网的业务后，一般在规定的时间内，电信部门会派专门的技术人员上门安装上网的相关设备，并帮助用户调试好。

② 小区宽带上网

小区宽带上网就是我们常说的社区宽带。与ADSL相比，不需要安装电话线，只需牵一条网线，就可以直接连上电脑上网，非常方便。目前，许多新建小区都为社区宽带预留了接口，而越来越多的用户也都选择这种方式来连接网络。

网络运营商常采用FTTx光纤+局域网（LAN）接入、ADSL局域网接入两种方案来组建小区宽带。

- **FTTx光纤+局域网（LAN）接入**：一种利用光纤加五类网线方式实现的宽带接入方案。它以千兆光纤连接到小区中心交换机，中心交换机和楼道交换机以百兆光纤或五类网络线相连，然后用网线或光纤连接到各用户的电脑上。FTTx光纤+局域网技术的网络可扩展性强，投资规模较小，是网络技术发展的新趋势。
- **ADSL局域网（LAN）接入**：ADSL业务的拓展，其原理是将带路由的ADSL Modem安装到小区或居民楼，然后通过集线器或交换机连接到各用户的电脑上，它不再需要用户配备ADSL Modem，只需将网线直接连入电脑即可，这也是应用较为普遍的一种方式。

③ Wi-Fi无线上网

Wi-Fi是当今比较热门的一种无线网络传输技术，其原理是将有线网络信号转换成无线信号，供支持其技术的电脑、手机接入，它摆脱了有线的束缚，具有更佳的便携性，适合笔记本电脑、平板电脑移动上网。

目前各大主流网络运行商都在各大中城市铺设Wi-Fi上网设备。在一些城市，用户可随时随地将自己的电脑或手机接入互联网。中老年朋友也可以在家里铺设自己的无线网络，只需将家里的ADSL Modem或路由器换成具有无线功能的设备，再经过简单的设置就可以了。

10.1.2 使用ADSL接入网络

将电脑接入到网络时，除了通过Modem等设备将电脑与网络线路连接外，还需要在电脑中建立网络连接。这项工作较为简单，中老年朋友不需要让子女或亲友帮忙，自己就可以完成。下面就来介绍ADSL宽带的设备连接以及建立ADSL连接的方法。

光盘同步文件

同步视频文件：光盘\同步教学文件\第10章\10-1-2.mp4

① 连接ADSL设备

安装ADSL宽带时会有专门的工作人员上门安装设备并进行配置，也就是初次安装时我们无需参与。但是在电脑使用过程中，以后可能会涉及调整电脑位置或者其他情况，这就需要重新连接ADSL设备，因此中老年朋友有必要了解ADSL设备的连接方法。其连接示意图如下图所示。

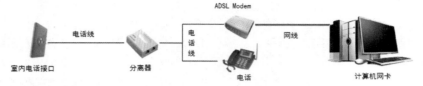

连接ADSL的设备包括以下3类。

- **电话线、网线**：电话线3根；网线1根。注意在购买网线时，要购买用于连接Modem而不是两台电脑直连采用的网线。
- **分离器**：用于建立电话线分支，同时连接电话与ADSL Modem。
- **ADSL Modem**：ADSL宽带的主要设备，用于建立ADSL连接。

② 建立ADSL连接

连接好ADSL设备后，就可以启动电脑并在Windows中创建ADSL连接了，其具体操作方法如下。

① 打开"控制面板"窗口。

① 单击任务栏左侧的"开始"按钮；② 单击"控制面板"命令，如下图所示。

② 打开"网络和Internet"窗口。

在"调整计算机的设置"列表中单击"网络和Internet"选项，如下图所示。

③ 打开"网络和共享中心"窗口。

打开"网络和Internet"窗口，在窗口中单击"网络和共享中心"选项，如下图所示。

④ 选择设置新的连接命令。

在窗口下方单击"设置新的连接或网络"选项，如下图所示。

⑤ 选择连接选项。

　　打开"设置连接或网络"窗口，❶在窗口的列表中单击"连接到Internet"选项；❷单击"下一步"按钮，如下图所示。

⑥ 选择连接方式。

　　打开"连接到Internet"窗口，在窗口中单击"宽带（PPPoE）"选项，如下图所示。

⑦ 输入服务商提供的信息。

　　打开输入服务提供商提供的信息窗口，❶输入用户名、密码、连接名称的相关信息；❷单击"连接"按钮，如下图所示。

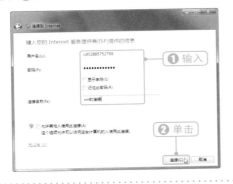

⑧ 显示正在连接到Internet。

　　打开正在连接到Internet界面，等待一段时间显示连接成功以后，表示电脑已经连接上互联网，如下图所示。

10.1.3 使用宽带路由器共享网络

　　如果家中有多台电脑，可通过路由器共享的方式让所有电脑都连接到Internet，其硬件设备的具体连接方法如右图所示。

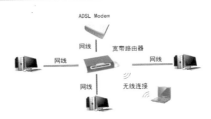

连接好硬件设备后，还需要对宽带路由器进行简单的设置，具体操作方法如下。

光盘同步文件

同步视频文件：光盘\同步教学文件\第10章\10-1-3.mp4

① 登录到路由器。

打开Internet Explorer浏览器，在地址栏中输入"192.168.1.1"，按Enter键，如下图所示。

② 输入用户名和密码。

❶输入管理员用户名及密码；❷单击"确定"按钮，如下图所示。

③ 打开选择上网方式的对话框。

首次登录路由器设置页面，会弹出"设置向导"对话框，单击"下一步"按钮，如下图所示。

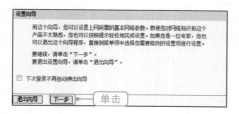

④ 选择上网方式。

选择上网方式，❶ 这里单击选中"ADSL虚拟拨号"单选按钮；❷单击"下一步"按钮，如下图所示。

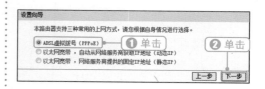

⑤ 输入上网账号及口令。

❶输入上网账号及口令；❷单击"下一步"按钮，如下图所示。

⑥ 完成设置。

设置完毕后，单击"完成"按钮即可，如下图所示。

10.1.4 配置无线网络

如果将上节中的宽带路由器换为无线路由器，用户就可以通过无线上网了。无线路由器一般默认都打开了无线功能，如没有打开，可手动将其打开，其他配置方法与普通宽带路由器基本相同。为了保护网络安全，中老年朋友还可对其无线网络进行相应的配置，具体操作方法如下。

① 打开无线功能。

在路由器配置界面中，❶ 单击"无线设置"选项；❷ 勾选"启用无线功能"复选框，如下图所示。

② 进行安全配置。

❶ 单击"安全设置"选项；❷ 在"安全模式"下拉列表中选择相应的安全保护方式；❸ 在"密钥"文本框中输入密码；❹ 单击"保存"按钮，如下图所示。

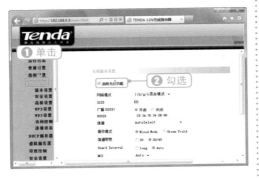

10.1.5 连接无线网络

目前很多用户家中都有一台台式机、一台笔记本，并且现在几乎所有的笔记本都具备了无线上网的功能。所以我们可以打造一个家庭无线网络，从而摆脱线缆的束缚，体验无拘无束的上网感受。

光盘同步文件
同步视频文件：光盘\同步教学文件\第10章\10-1-5.mp4

① 连接到无线网络

在Windows 7操作系统中，中老年朋友可以非常简单地发现并连接到无线网络，从而访问Internet或与其他电脑实现共享，具体操作方法如下。

① **选择无线网络名称。**

在家中安装无线路由器，并按照前面所介绍的方法进行设置。❶单击托盘区的网络图标；❷在弹出的浮动面板中双击需要连接的网络名称，如下图所示。

② **输入网络安全密钥。**

打开"连接到网络"对话框，❶在"安全密钥"文本框中输入安全密码（一般为8位）；❷单击"确定"按钮，如下图所示。

② 建立和配置点对点无线网络

要在特定环境中（如没有无线路由器）让多台笔记本相互共享文件，可以使用Windows 7的无线临时网络功能来创建访问点，然后让其他笔记本通过无线网络加入，其具体操作方法如下。

① **单击"设置新的连接或网络"链接。**

打开"网络和共享中心"窗口，单击"更改网络设置"一栏下的"设置新的连接或网络"链接，如下图所示。

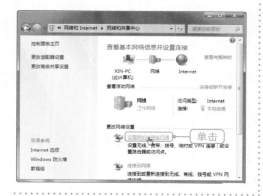

② **单击设置无线临时网络选项。**

打开"设置连接或网络"窗口，❶单击"设置无线临时（计算机到计算机）网络"选项；❷单击"下一步"按钮，如下图所示。

③ 打开网络命名和安全选项窗口。

进入"设置无线临时网络"界面，单击"下一步"按钮，如下图所示。

④ 输入网络名称和安全网钥。

进入"为您的网络命名并选择安全选项"界面，❶ 输入网络名称和安全密钥；❷ 单击"下一步"按钮，如下图所示。

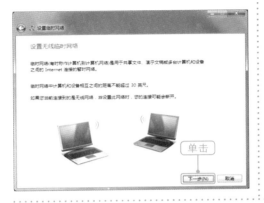

⑤ 无线网络连接成功。

稍候片刻，无线临时网络建立完毕，单击"关闭"按钮即可，如右图所示。

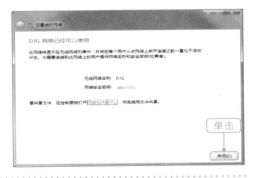

10.2 用浏览器网上冲浪

电脑连接到互联网之后，我们就可以通过浏览器登录网站，浏览网上丰富的信息，体验互联网带来的乐趣了。虽然网络提供了很丰富的功能，但这些功能都是从浏览网页开始的，因此浏览网页也是开始使用网络的第一步。

10.2.1 熟悉IE浏览器

浏览器是我们上网必需的工具。浏览器的种类很多，目前常用的浏览器软件是Microsoft（微软）公司的Internet Explorer浏览器（简称IE）、Chrome、Firefox以及以这些浏览器为核心的衍生浏览器。下面以IE浏览器为例进行介绍。

光盘同步文件

同步视频文件：光盘\同步教学文件\第10章\10-2-1.mp4

① IE浏览器的打开方法

在Windows 7中，IE浏览器的最新版本已经更新到了9.0版。IE浏览器的启动方法有很多，常见的有以下两种方法。

- 单击"开始"按钮，在打开的"开始"菜单中单击Internet Explorer命令，即可打开IE浏览器。
- 双击桌面上的Internet Explorer图标，即可打开IE浏览器。

通过链接打开浏览器

对于支持HTML链接的程序，用户也可以单击相应的链接调用浏览器，同时，用户还可以通过双击相应的HTML文件来打开浏览器。

② 认识IE浏览器的操作界面

在使用IE浏览器进行网上冲浪之前，有必要对IE浏览器窗口的组成结构进行认识，如下图所示。

各组成部分的作用如下表所示。

组 成	作 用
导航按钮	控制网页的返回和前进
地址搜索栏	用于输入网址或搜索信息
浏览标签	用于控制浏览的网页，每一个标签即对应一个网页
快捷按钮	快速操作按钮，可打开主页、收藏夹或者工具菜单
浏览区	网页内容显示区域
垂直滚动条	控制网页上下滚动，如果网页内容超出窗口垂直长度即会出现
水平滚动条	控制网页左右滚动，如果网页内容超出窗口水平长度即会出现

10.2.2 在浏览器中打开网站

打开浏览器以后，就可以在浏览器中输入网址或单击网页链接来打开相应的网页。例如，若要打开新浪网（www.sina.com.cn）的首页，具体操作方法如下。

光盘同步文件
同步视频文件：光盘\同步教学文件\第10章\10-2-2.mp4

① **输入要登录的网址。**

❶打开IE浏览器，在地址栏中输入要登录网站的网址，如"www.sina.com.cn"；
❷单击"转至"按钮 →，即可登录到目标网站，如下图所示。

② **打开目标网址主页。**

登录到网站后，通过拖动滚动条可以浏览网站内容。单击网页中的超链接，可以转到网页中的另一位置或该链接指向的其他网页，如下图所示。

10.2.3 浏览器的基本操作

登录到网站后，当鼠标指针指向网页中的某一段文字或某一幅图片时，鼠标指针变成 形状，表示此处的文字或图片具有超链接功能，中老年朋友只要单击这些文字或图片，即可对网站中的内容进行浏览。在浏览网页时，也可根据需要前进、后退、刷新网页，具体操作方法如下。

光盘同步文件
同步视频文件：光盘\同步教学文件\第10章\10-2-3.mp4

① **打开超链接**

在浏览器中打开一个网站或者网页后，我们接着会浏览网页中的内容。在浏览过程中，通过拖动滚动条可以浏览未显示完整的内容；通过单击链接可以浏览其他

Chapter 06
Chapter 07
Chapter 08
Chapter 09
Chapter 10
Chapter 11
Chapter 12
Chapter 13

页面；通过工具栏中的浏览控制按钮还可以跳转浏览页面。

例如，打开新浪网后，单击网站中的"新闻"链接，即可打开"新闻"页面，然后单击相关新闻标题或新闻图片，就可以查看该新闻的具体内容了，操作如下。

① 单击"新闻"链接。

登录到新浪网站，在分类列表中单击要查看的网页类别，如"新闻"，如下图所示。

② 选择要查看的新闻内容标题。

打开新闻主页后，在新闻名称列表中单击想要查看的新闻名称链接，如下图所示。

② 前进与后退页面

前进与后退页面是我们在上网浏览时的常用操作。

（1）后退页面

"后退"按钮 ← 位于IE浏览器的标准工具栏中，其作用是让IE浏览器显示已访问过的上一个网页。

单击"后退"按钮旁边的向下箭头，将弹出已经访问过的网页列表，我们可以单击选择要后退的目标网页。

（2）前进页面

"前进"按钮 → 位于"后退"按钮的右边，其作用与"后退"按钮刚好相反，当后退页面后，可以单击"前进"按钮向前跳转。

在使用"前进"按钮之前，必须已经使用过"后退"按钮才有效。

③ 停止与刷新页面

（1）停止打开网页

打开IE浏览器后，如果IE浏览器打开的网站页面不是自己需要的站点，或者我们操作错误而打开了不需要的页面，可以单击地址栏右侧的"停止"按钮 ×，让浏览器终止正在打开的页面。

（2）刷新页面信息

网站上的信息变化是非常快的，随时可能会有最新的信息发布到网站上。要访问到最新的页面信息，可以单击地址栏右侧的"刷新"按钮 ⟳ 。

10.2.4 收藏经常访问的网页

通过IE浏览器提供的"收藏夹"，中老年朋友可以随时将自己常用的网站或页面收藏起来，以方便以后访问，而不必每次重复输入复杂的网址。

 光盘同步文件

同步视频文件：光盘\同步教学文件\第10章\10-2-4.mp4

① 将网页添加到收藏夹

通过IE浏览器专门的"收藏"按钮，用户可以轻松收藏相应的网页，具体操作方法如下。

① 将网页添加进收藏夹。

打开要添加到收藏夹的网页，❶ 单击"查看收藏夹、源和历史记录"按钮 ☆；❷ 单击"添加到收藏夹"按钮，如下图所示。

② 设置收藏网站名称。

打开"添加收藏"对话框，❶ 设置网页名称和保存位置；❷ 单击"添加"按钮，如下图所示。

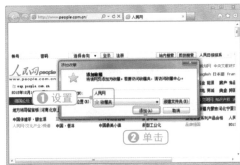

 使用快捷键保存网页

打开网页后，按下Ctrl+D组合键也可以快速将网页添加到收藏夹中。

② 浏览收藏夹中的网页

将网页收藏后，以后需要打开这些网页时，通过收藏夹栏就可以快速打开了，具体操作方法如下。

1 在收藏夹中单击链接。

打开IE浏览器，**1** 单击"查看收藏夹、源和历史记录"按钮 ；**2** 单击"收藏夹"选项卡；**3** 单击相应的网站链接，如下图所示。

2 打开收藏的网页。

此时即打开了收藏夹中收藏的网页，如下图所示。

问：如果收藏的网页太多怎么办？

疑难解答

答： 如果收藏的网页太多，还可以在"收藏夹"栏中建立分类目录，将当前收藏的网页分类存放，从而便于打开网页时快速查找。

10.2.5 保存感兴趣的网上信息

当在网上看到一篇新闻内容或自己需要的资料时，中老年朋友可以将这些资料内容保存到自己的电脑中。

光盘同步文件

同步视频文件： 光盘\同步教学文件\第10章\10-2-5.mp4

1 保存文字

要保存网上的文字资料，需要借助相关的文本编辑软件，如记事本、写字板、Word等软件。其方法就是将网上的文字内容复制到文本编辑软件中，然后进行保存即可，具体操作方法如下。

1 复制网页上的文字。

打开网页，选择网页中的文字；**1** 右击选中的文本；**2** 单击"复制"命令，如右图所示。

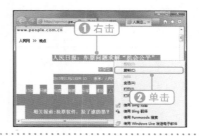

Chapter 06
Chapter 07
Chapter 08
Chapter 09
Chapter 10
Chapter 11
Chapter 12
Chapter 13

② **将文字粘贴到记事本中。**

打开"记事本"程序，❶单击"编辑"菜单；❷单击"粘贴"命令，将文字粘贴到记事本中，如下图所示。

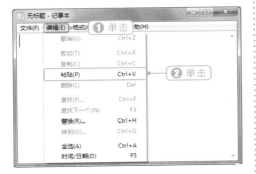

③ **单击"保存"命令。**

❶单击"文件"菜单；❷单击"保存"命令，如下图所示。

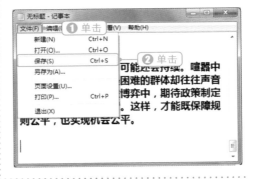

④ **选择保存位置。**

打开"另存为"对话框，❶选择文件的保存位置；❷输入文件的保存名称；❸单击"保存"按钮，如右图所示。

② 保存图片

中老年朋友在网络上浏览时，如果发现好看的图片，可以直接将图片保存到电脑中，具体操作方法如下。

① **打开"保存图片"对话框。**

打开网页，❶指向要保存的图片后单击右键；❷单击"图片另存为"命令，如右图所示。

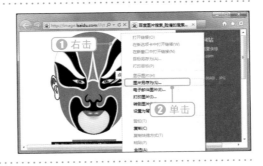

② 选择图片的保存位置。

打开"保存图片"对话框，❶选择图片的保存位置；❷输入图片的保存名称；❸单击"保存"按钮，如右图所示。

问：哪些类型的图片能够保存，怎样判断图片能否保存？

疑难解答

答： 通过浏览器直接保存图片时，只能保存格式为JPG、.GIF、.PNG等的图片，而一般网页中常见的Flash动画图片是无法直接通过浏览器保存的。用户在判断图片是否可以保存时，最简单的方法是：右击页面中的图片，在快捷菜单中有"图片另存为"命令，就表示可以将该图片保存在电脑中。

③ 保存整个网页信息

中老年朋友在网上浏览网页时，如果看到自己感兴趣或需要的网页内容，可以将该网页保存在电脑上，需要查看时只需打开保存的网页即可，这样即使电脑没连接上网络也可以对网页进行查看。

① 打开"保存网页"对话框。

打开要保存的网页，❶单击"工具"按钮；❷在"文件"子菜单中单击"另存为"命令，如下图所示。

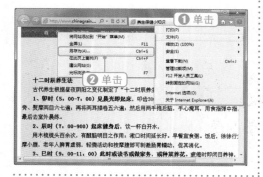

② 选择网页的保存位置。

打开"保存网页"对话框，❶选择网页的保存位置；❷输入网页的保存名称并选择保存类型；❸单击"保存"按钮，如下图所示。

知识加油站 如何既保存网页内容又保存图片内容

在保存网页时，如果在"保存网页"对话框的"保存类型"下拉列表中选择保存为html格式，那么将在目标位置生成一个网页文件和一个与网页同名的文件夹，该文件夹中存放的就是网页中的图片内容。

10.2.6 打印需要的网上信息

在浏览网页时，如果看到比较有价值的网页，除了可以将网页保存起来外，如果电脑安装了打印机，中老年朋友还可以将网页内容打印出来。

光盘同步文件

同步视频文件：光盘\同步教学文件\第10章\10-2-6.mp4

---

① 打开"打印预览"窗口。

打开要打印的网页，❶单击"工具"按钮 ⚙；❷在"打印"子菜单中单击"打印预览"命令，如下图所示。

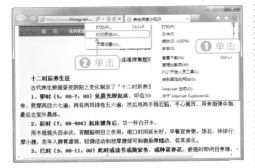

② 打开"打印"对话框。

打开"打印预览"窗口，在窗口中可以预览网页的打印效果，单击窗口上方的"打印"按钮 🖨 即可打印网页，如下图所示。

---

③ 设置打印参数。

打开"打印"对话框，❶选择要使用的打印机；❷设置打印范围和打印份数；❸单击"打印"按钮，如右图所示。

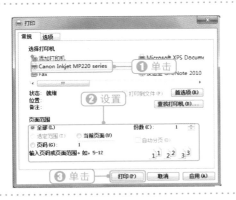

10.2.7 将经常访问的网站设置为主页

浏览器主页是指启动浏览器后默认打开的网页，中老年朋友可以将经常浏览的网页设置为浏览器的主页，如将"人民网"（www.people.com.cn）设置为浏览器的主页，具体操作方法如下。

光盘同步文件

同步视频文件：光盘\同步教学文件\第10章\10-2-7.mp4

① 单击"添加或更改主页"命令。

打开需要设为主页的网页，❶ 右击窗口右上方的"主页"按钮 ⌂；❷ 单击"添加或更改主页"命令，如下图所示。

② 将网页设置设为唯一主页。

❶ 选中"将此网页用作唯一主页"单选按钮；❷ 单击"是"按钮，如下图所示。

为浏览器设置多个主页

知识加油站　　IE 9.0浏览器支持多主页显示，用户在设置主页时，只需选中"将此网页添加到主页选项卡"单选按钮，即可将当前网页添加到主页组中，使用相同的方法可添加多个主页。这样，在打开浏览器时，即会同时显示多个主页选项卡。

10.2.8 IE浏览器的安全设置

在使用浏览器时，中老年朋友可对IE浏览器的安全选项进行设置，以使电脑更安全，具体方法如下。

光盘同步文件

同步视频文件：光盘\同步教学文件\第10章\10-2-8.mp4

Chapter 06
Chapter 07
Chapter 08
Chapter 09
Chapter 10
Chapter 11
Chapter 12
Chapter 13

1 单击"Internet选项"命令。

打开浏览器，**1** 单击窗口右上方的"工具"按钮 ；**2** 单击"Internet选项"命令，如下图所示。

2 打开"打印"对话框。

1 单击"安全"选项卡；**2** 在"该区域的安全级别"栏中拖动滑块到适当的位置；**3** 单击"确定"按钮，如下图所示。

10.3 在网上搜索实用信息

Internet中有着丰富的信息资源，涵盖了我们生活中的方方面面。要在广阔的信息海洋中快速找到自己所需的信息，就需要掌握网上信息的搜索方法。本节主要为中老年朋友介绍如何通过专业的搜索引擎来快速查找信息内容。

10.3.1 使用百度搜索新闻

在我国，使用最广泛的还是"百度"搜索引擎。下面就以"百度"搜索引擎为例，介绍在网上搜索各类信息的方法。例如，通过"百度"搜索教育方面的新闻，具体操作方法如下。

光盘同步文件

同步视频文件：光盘\同步教学文件\第10章\10-3-1.mp4

① **打开百度新闻首页。**

启动IE浏览器，❶在地址栏中输入百度网站的网址；❷打开"百度"网站的主页，在窗口中单击"新闻"链接，如下图所示。

② **选择新闻类别。**

打开百度新闻首页，在窗口上方的新闻类别的列表中单击要查看的新闻类别，如"教育"，如下图所示。

③ **选择要查看的新闻。**

打开教育新闻主页后，在新闻名称列表中单击想要查看的新闻名称链接，如下图所示。

④ **显示新闻内容。**

打开新的页面窗口，在窗口中可以通过拖动滚动条查看新闻的详细内容，如下图所示。

10.3.2　使用百度搜索资料

百度最基本的功能还是搜索信息，在百度首页，中老年朋友可以方便地搜索需要了解的资料信息，如搜索"养生"方面的资料，具体操作方法如下。

光盘同步文件

同步视频文件：光盘\同步教学文件\第10章\10-3-2.mp4

① 输入关键词。

打开"百度"网站的主页，❶ 在搜索框中输入关键词"养生"；❷ 单击"百度一下"按钮，如右图所示。

② 选择感兴趣的链接。

此时即会显示搜索结果列表，浏览并单击其中的链接，如下图所示。

③ 查看页面内容。

此时即打开相应的页面，用户可通过滚动鼠标浏览页面的详细资料信息，如下图所示。

10.3.3 使用百度搜索图片

除了可以使用百度搜索文字信息外，在网上搜索图片同样是百度搜索的拿手绝活，具体操作方法如下。

光盘同步文件

同步视频文件：光盘\同步教学文件\第10章\10-3-3.mp4

① 选择图片频道。

打开"百度"网站的主页，单击"图片"链接，如右图所示。

② 输入关键词。

❶ 在搜索框中输入关键词，如"峨眉山"；❷ 单击"百度一下"按钮，如下图所示。

③ 选择要查看的图片。

在显示的图片页面单击相应的图片，如下图所示。

④ 浏览大图。

此时可查看该图片的大图及其详细情况，如右图所示。

10.3.4 使用百度搜索音乐

除了文字资料和图片外，网上还拥有海量的音乐资源，中老年朋友可以在网上搜索自己喜欢的歌曲。下面以搜索歌曲"花儿为什么这样红"为例进行介绍，具体操作方法如下。

光盘同步文件

同步视频文件：光盘\同步教学文件\第10章\10-3-4.mp4

① 选择音乐频道。

打开"百度"网站的主页，单击"音乐"链接，如右图所示。

2 输入关键词。

❶ 在搜索框中输入关键词，如"花儿为什么这样红"；❷ 单击"百度一下"按钮，如下图所示。

3 选择要播放的歌曲。

在显示的音乐列表页面中，单击相应歌曲后面的"播放"按钮▶，如下图所示。

4 播放所选歌曲。

此时即开始在新打开的页面中播放所选歌曲，如右图所示。

10.3.5 使用百度搜索视频

使用百度搜索还可以在网上搜索和观看网络上发布的视频，这样，中老年朋友就可以随时观看自己喜欢的戏曲视频了。如在百度搜索关键词"黄梅戏"，具体操作方法如下。

光盘同步文件

同步视频文件：光盘\同步教学文件\第10章\10-3-5.mp4

1 选择视频频道。

打开"百度"网站的主页，单击"视频"链接，如右图所示。

② 输入关键词。

❶在搜索框中输入关键词，如"黄梅戏"；❷单击"百度一下"按钮，如下图所示。

③ 选择要观看的视频。

在显示的搜索结果列表页面中，单击相应的视频，如下图所示。

④ 播放所选视频。

此时即开始在新打开的页面中播放所选视频，如右图所示。

快速搜索即时信息

现在网络搜索引擎的功能非常强大，不仅能搜索静态的网页，还能搜索实时信息，比如用户在搜索框中输入"天气"，网页即会实时显示本地区的天气状况，同样，输入"时间"，即会显示当前的标准时间。

10.4 在网上下载需要的资源

中老年朋友除了可以利用网络搜索浏览信息外，还可以将网络资源下载到本地电脑中。下载网上资源一般有两种途径，一种是通过浏览器直接进行下载；另一种是通过专业下载软件进行下载。

10.4.1 使用IE浏览器下载小资料

电脑中没有安装专业的下载工具软件时，可以通过IE浏览器直接下载网络资源。下面我们以下载QQ旋风软件为例进行介绍，具体方法如下。

光盘同步文件

同步视频文件：光盘\同步教学文件\第10章\10-4-1.mp4

① 输入要搜索的软件名称。

打开"百度"网站的主页，**①** 在搜索框中输入要搜索的软件名称；**②** 单击"百度一下"按钮，如下图所示。

② 下载搜索到的软件。

打开搜索到的软件列表窗口，**①** 单击"官方下载"按钮；**②** 在提示框中单击"保存"按钮即开始下载，如下图所示。

③ 完成下载。

下载完毕后，单击浏览器下方提示框中的"运行"按钮，可直接安装下载的软件，如右图所示。

问：怎样更准确地下载软件？

疑难解答

答： 在搜索软件下载信息时，最好在后面加上"下载"二字，以便更准确地搜索出相关信息。

10.4.2 使用QQ旋风下载大文件

对于网速较慢，经常断线的电脑用户来说，使用浏览器直接下载容量较大的文件有可能失败，此时，中老年朋友可使用专业的下载软件（如QQ旋风）进行下载。下面我们以下载"傲游"浏览器为例进行介绍，具体操作方法如下。

光盘同步文件

同步视频文件： 光盘\同步教学文件\第10\10-4-2.mp4

① **输入要搜索的软件名称。**

打开"百度"网站的主页，① 在搜索框中输入要搜索的软件名称；② 单击"百度一下"按钮，如下图所示。

② **单击"使用QQ旋风下载"命令。**

打开网络资源下载界面，① 在下载链接上单击右键；② 单击"使用QQ旋风下载"命令，如下图所示。

③ **选择软件保存路径。**

在打开的"新建下载"对话框中，① 设置存储路径；② 单击"确定"按钮，如右图所示。

与亲朋好友在网上通信交流

 本章导读

沟通与交流是人类社会最基本的需求之一，也是最为广泛的网络应用。在互联网上，用户可通过聊天软件和在线邮件与好友交流。本章就将详细介绍在线收发邮件的方法以及常用聊天工具软件QQ的使用方法和技巧。

 知识技能要求

通过本章内容的学习，读者应该学会在线收发邮件和使用QQ聊天的方法及相关操作。学完后需要掌握的相关技能知识如下。

❖ 了解电子邮件的概念
❖ 熟悉申请电子邮件的流程
❖ 掌握在线收发邮件的方法
❖ 掌握申请QQ号码的方法
❖ 掌握添加QQ好友的方法
❖ 掌握与亲友聊天的方法
❖ 掌握QQ资料的设置方法

使用电子邮件与亲朋好友联络感情

电子邮件（E-mail）几乎是伴随着互联网一起诞生的。与普通的信件一样，电子邮件也是将信息投递给接收者，只不过信息的载体从纸张变成了网络。与传统的信件相比，电子邮件具有传递速度快、可达范围广、使用方便等优点，而且能发送多种类型的信息，这使它在大多数领域取代了传统邮递业务。

11.1.1 申请自己的电子邮箱

就像真实的邮件投递一样，电子邮件投递也需要一个邮箱地址。互联网中的每个电子邮箱都有一个全球唯一的邮箱地址。电子邮件地址的格式为"user@server.name"。

如，在电子邮箱xshou100@126.com中，xshou100是收件人的用户账号，@其实就是英文"at"的缩写（读作"艾特"），用于连接前后两部分，126.com是电子邮件服务器的域名。

下面我们就以在网易（www.163.com）申请电子邮箱为例进行介绍，具体操作方法如下。

光盘同步文件

同步视频文件：光盘\同步教学文件\第11章\11-1-1.mp4

① 单击"注册免费邮箱"链接。

打开网易首页，单击"注册免费邮箱"链接，如下图所示。

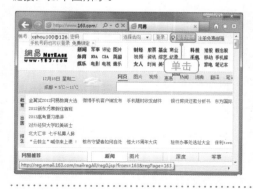

② 填写注册信息。

在打开的页面中，❶ 输入注册信息；❷ 单击"立即注册"按钮，如下图所示。

Chapter 06
Chapter 07
Chapter 08
Chapter 09
Chapter 10
Chapter 11
Chapter 12
Chapter 13

③ 注册成功。

在弹出的页面中显示了申请成功的邮箱地址如右图所示，关闭页面即可进入邮箱。

11.1.2 登录邮箱并查收邮件

成功注册电子邮箱后，中老年朋友就可以登录邮箱收发邮件了，具体操作方法如下。

光盘同步文件

同步视频文件：光盘\同步教学文件\第11章\11-1-2.mp4

① 登录邮箱。

打开网易邮箱首页，❶ 选择邮箱种类；❷ 输入账号和密码；❸ 单击"登录"按钮，如下图所示。

② 单击"收信"按钮。

进入邮箱后，单击"收信"按钮，如下图所示。

③ 单击邮件链接。

此时收到一封新邮件，单击该邮件链接，如右图所示。

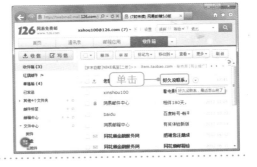

④ 阅读邮件内容。

此时即打开了邮件正文，阅读邮件内容即可，如右图所示。

11.1.3 给老朋友发送一封问候邮件

在自己的电子邮箱界面中，只要知道对方的邮箱地址，中老年朋友可随时给老朋友发送问候邮件，具体操作方法如下。

光盘同步文件

同步视频文件：光盘\同步教学文件\第11章\11-1-3.mp4

① 打开撰写邮件页面。

在打开的页面中，单击"写信"按钮，如下图所示。

② 输入内容并发送。

❶输入收件人的地址；❷输入主题与邮件内容；❸单击"发送"按钮，如下图所示。

③ 设置邮件签名。

❶在弹出的对话框中输入自己的邮件签名；❷单击"保存并发送"按钮，如右图所示。

④ **完成邮件发送。**

此时，页面提示发送成功，完成邮件的发送，如右图所示。

电子邮件常用术语

在使用电子邮件的过程中，常会遇到一些术语，下面就了解一下这些常用术语的含义。

- **收件人**：邮件的接收者。
- **主题**：邮件的标题，通常用于概述邮件内容。
- **抄送**：用户给收件人发送邮件时，可使用抄送方式将该邮件发给其他人，此时，收件人也会得知该邮件抄送了哪些人。
- **密送**：用户给收件人发出邮件的同时，使用暗送方式把该邮件发送给其他人，收件人不会得知该邮件还发送给了哪些人。
- **发件人**：邮件的发送者。
- **附件**：指同电子邮件一起发送的附加文件，如文档、音乐、视频、动画等。

格式化邮件字体

在撰写邮件时，用户可对邮件字体进行美化设置，如加粗、斜体、下划线和放大与缩小字号等。

11.1.4 给老朋友发送照片邮件

在编写邮件时，中老年朋友可以在电子邮件中插入照片，发送给老朋友，其具体操作方法如下。

光盘同步文件

同步视频文件：光盘\同步教学文件\第11章\11-1-4.mp4

① 直接插入照片

用户在编写邮件时，可以直接通过添加图片的方式，在邮件正文中插入照片。目前，很多电子邮件服务商都支持这种功能。下面我们以在邮件中插入外孙的照片为例进行介绍，具体操作方法如下。

① 单击"添加图片"按钮。

在邮件编写界面中，单击"添加图片"按钮，如下图所示。

② 在电脑中浏览图片。

在弹出的提示框中，单击"浏览"按钮，如下图所示。

③ 选择要添加的图片。

❶选中要添加的图片；❷单击"打开"按钮，如下图所示。

④ 添加成功。

此时图片即被上传并插入到邮件中，单击"发送"按钮即可发送，如下图所示。

安装邮箱助手插件

知识加油站　　在首次添加图片时，系统会提醒用户安装邮箱助手插件，按照提示进行安装后，重新打开邮件即可添加图片。

② 以附件形式发送

在邮件中插入图片很方便，但是需要邮箱支持，只支持文本格式的邮箱就无法插入图片了，此时，中老年朋友可采用添加附件的方法发送。使用这种方法还可以添加其他格式的文件，具体操作方法如下。

① 添加附件。

在邮件编写界面中，单击"添加附件（最大2G）"链接，如下图所示。

② 在电脑中选择图片。

❶ 选中要添加的图片；❷ 单击"打开"按钮，如下图所示。

③ 完成添加。

此时图片即被上传并添加到邮件附件中，单击"发送"按钮即可发送，如右图所示。

问：在撰写邮件时，能否添加多个附件?

疑难解答 **答**：用户在撰写邮件时，不仅可以添加多个附件，还可以一次性选择多个文件同时作为附件添加到邮件中，126邮箱允许的附件最大为2GB，超过该大小的文件不能添加。

11.1.5 回复老友邮件

当我们收到老朋友的邮件时，可以直接在电子邮箱中回复邮件，不需要重新撰写新邮件，同时，我们还可以将这些邮件转发给其他人。在电子邮箱中回复邮件的方法如下。

光盘同步文件

同步视频文件：光盘\同步教学文件\第11章\11-1-5.mp4

1 打开邮件列表。

❶单击"收件箱"按钮；❷单击相应的
邮件链接，如右图所示。

2 回复邮件。

在打开的页面中显示了信件的内容，单
击上方的"回复"按钮，如下图所示。

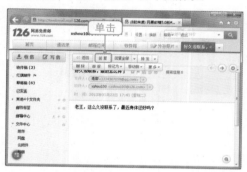

3 输入回复内容。

❶在文本框中输入回复文字；❷单击
"发送"按钮，如下图所示。

转发邮件

知识加油站　　用户还可以将收到邮信件转发给其他用户，只需在邮件查看页面单击"转
发"按钮，并在随后显示的页面中输入相应的邮箱地址即可。此外，用户通过
单击"转发"按钮右侧的下拉按钮，还可以选择"原信转发"还是"作为附件转发"。

11.2 使用QQ与亲朋好友在线即时交流

腾讯QQ是一款应用非常广泛的在线通信工具。作为一款国内软件，它更加贴
合中国人的使用习惯。QQ客户端中集成了大量的实用功能，可以帮助中老年朋友
在与老朋友交流时更加得心应手，获取更多的乐趣。

11.2.1 在电脑中安装QQ软件

QQ软件是一个客户端聊天工具，需要在电脑中安装后才能使用，中老年朋友可以在QQ的官方网站（http://im.qq.com）下载安装程序。软件安装的具体操作方法如下。

光盘同步文件

同步视频文件：光盘\同步教学文件\第11章\11-2-1.mp4

① **打开安装程序。**

打开安装程序所在的文件夹，找到并双击相应的安装程序，如右图所示。

② **运行安装向导。**

打开"腾讯QQ2013 安装向导"对话框，确认已勾选"我已阅读并同意软件许可协议和青少年上网安全指引"复选框，单击"下一步"按钮，如下图所示。

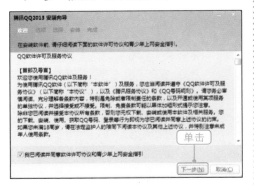

③ **设置安装选项。**

在打开的对话框中，❶取消相关复选框的勾选状态；❷单击"下一步"按钮，如下图所示。

Chapter 06
Chapter 07
Chapter 08
Chapter 09
Chapter 10
Chapter 11
Chapter 12
Chapter 13

④ 设置安装目录。

在随后打开的界面中，**❶** 设置程序的安装目录；**❷** 单击"安装"按钮，如下图所示。

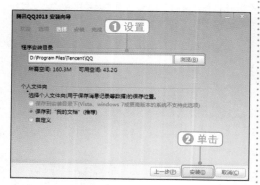

⑤ 进行安装。

此时，安装程序即会将相关文件复制到电脑中，并在电脑中进行组件注册，如下图所示。

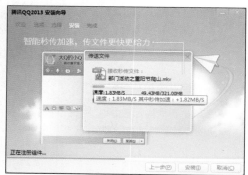

⑥ 完成安装。

❶ 根据需要设置相应复选框的勾选状态；**❷** 单击"完成"按钮，如右图所示。

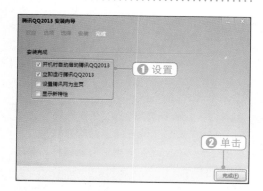

11.2.2 申请自己的QQ号码

要使用QQ软件，必须要有一个QQ账号，也就是QQ号码，中老年朋友可以通过QQ客户端免费申请QQ号码。下面就来介绍一下申请QQ号码的方法。

光盘同步文件

同步视频文件：光盘\同步教学文件\第11章\11-2-2.mp4

① **打开注册页面。**

运行QQ软件，在登录对话框中，单击右侧的"注册账号"链接，如下图所示。

② **输入注册信息。**

在打开的QQ注册页面中，❶ 输入昵称、密码并设置个人信息；❷ 在"验证码"文本框中输入右侧显示的验证码；❸ 单击"立即注册"按钮，如下图所示。

③ **输入手机号码。**

在打开的页面中，❶ 在"手机号码"文本框中输入手机号码；❷ 单击"下一步"按钮，如下图所示。

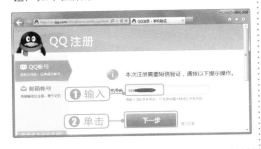

④ **发送短信验证。**

在打开的页面中，❶ 根据提示在手机上发送"1"到指定号码；❷ 单击"验证获取QQ号码"按钮，如下图所示。

⑤ **完成注册。**

在随后显示的页面中即显示了申请成功的QQ号码，单击"登录QQ"按钮自动打开登录对话框，如右图所示。

6 登录QQ。

此时在QQ登录对话框中，**1**输入QQ
号码和密码；**2**单击"登录"按钮即可登录
QQ，如右图所示。

通过其他方式申请QQ号码

知识加油站　除了直接申请QQ号码外，用户还可通过已有邮箱账号注册QQ，其注册流程与直接申请QQ号码基本相同。

11.2.3　将老朋友添加到自己的QQ好友列表中

刚申请到的新QQ号码里面空无一人，要想和老朋友聊天，需要知道对方的QQ账号，然后通过添加好友操作，将老朋友的QQ账号添加到自己的QQ列表中，具体操作方法如下。

 光盘同步文件

同步视频文件：光盘\同步教学文件\第11章\11-2-3.mp4

1 打开"查找联系人"对话框。

运行QQ软件，在QQ面板中单击最下方的"查找"按钮，如下图所示。

2 输入好友账号。

1输入联系人的QQ账号；**2**单击"查找"按钮，如下图所示。

③ 添加好友。

此时在下方的搜索列表中会显示搜索到的结果，单击"添加好友"按钮 ⊕ ，如下图所示。

④ 输入验证信息。

❶ 在"请输入验证信息"文本框中输入文字；❷ 单击"下一步"按钮，如下图所示。

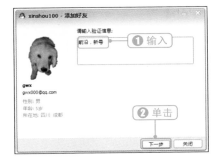

⑤ 设置列表信息。

❶ 输入好友的备注姓名并设置分组；❷ 单击"下一步"按钮，如下图所示。

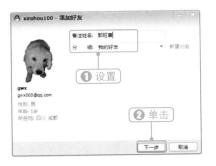

⑥ 完成添加。

此时添加好友的请求即会发送给对方，单击"完成"按钮，如下图所示。

⑦ 成功添加好友。

等待对方确认后，即成功添加好友，单击"完成"按钮即可，如右图所示。

Chapter 06
Chapter 07
Chapter 08
Chapter 09
Chapter 10
Chapter 11
Chapter 12
Chapter 13

QQ的分组

QQ面板中内置了不同的好友分组，如"我的好友"组、"朋友"组、"家人"组等，便于用户将好友归类，新加的好友默认会放在"我的好友"组中。

11.2.4 与老朋友进行文字聊天

在线聊天是QQ最基本的功能，下面介绍与好友进行文字聊天的方法，具体操作步骤如下。

光盘同步文件

同步视频文件：光盘\同步教学文件\第11章\11-2-4.mp4

① 打开聊天窗口。

在QQ面板中展开好友所在的分组，双击好友头像，如下图所示。

② 输入文字。

① 输入聊天文字；② 单击"发送"按钮，如下图所示。

插入表情

用户在聊天过程中，可插入表情以表达心情，其方法是在聊天窗口中单击"选择表情"按钮，在弹出的表情列表中单击某一表情，即可将其插入文本框中。

11.2.5 与老朋友进行语音视频聊天

除了与QQ上的老朋友进行文字聊天外，中老年朋友还可与其进行语音或视频聊天。与好友语音聊天的方法较为简单，具体操作方法如下。

光盘同步文件

同步视频文件：光盘\同步教学文件\第11章\11-2-5.mp4

1 单击"开始语音会话"按钮。

在聊天窗口中，单击窗口上方的"开始语音会话"按钮，如下图所示。

2 进行语音聊天。

当对方接受邀请后，即会建立语音连接。要结束语音聊天，只需单击"挂断"按钮，如下图所示。

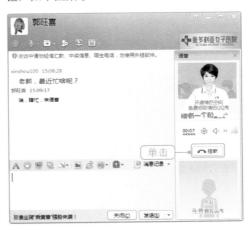

在QQ中与好友视频聊天的方法与语音聊天类似，只需单击窗口上方的"开始视频会话"按钮即可。

问：如何进行多人语音或视频聊天？

疑难解答

答： 用户可同时与多名好友进行语音或视频聊天，只需单击"开始语音会话"按钮或"开始视频会话"按钮右侧的下三角按钮，在弹出的菜单中单击"发起多人语音"或"邀请多人视频会话"命令即可。

11.2.6 给老朋友传送电脑中的文件

在使用QQ与老朋友聊天时，我们经常遇到需要向对方发送图片、截图或文件的情况，这些功能直接在QQ聊天窗口中就能实现。下面我们分别进行介绍。

光盘同步文件

同步视频文件：光盘\同步教学文件\第11章\11-2-6.mp4

1 向老朋友发送图片

通过QQ聊天窗口，用户可以方便地向老朋友发送图片，具体操作方法如下。

1 单击"发送图片"按钮。

在QQ聊天窗口中，单击"发送图片"按钮，如下图所示。

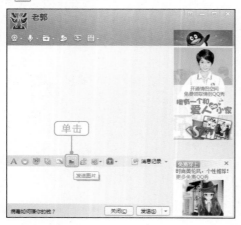

2 选择图片。

在"打开图片"对话框中，❶选中需要发送的图片；❷单击"打开"按钮，如下图所示。

3 在聊天窗口中发送图片。

回到聊天窗口，此时要发送的图片已经显示在文本框中，单击"发送"按钮即可，如右图所示。

2 向老朋友发送文件

在QQ中，还可以向亲朋好友发送文件、文件夹，甚至还可以发送离线文件，这样，即使好友不在线也可以将文件发送出去，具体操作方法如下。

① 单击"发送文件"命令。

① 单击"传送文件"按钮  ；**②** 单击"发送文件/文件夹"命令，如下图所示。

② 选择要传送的文件。

① 选中要传送的文件；**②** 单击"发送"按钮，如下图所示。

知识加油站 传送文件夹和离线文件

在QQ聊天窗口中，用户还可传送文件夹和离线文件，只需单击"传送文件"按钮右侧的下拉按钮，在弹出的菜单中单击"发送文件夹"或"发送离线文件"命令即可。

3 在聊天窗口中截图

在聊天窗口中不仅可以发送文件，还可以在屏幕上截图并发送给好友，其具体操作方法如下。

① 单击"屏幕截图"按钮。

在QQ聊天窗口中，单击"屏幕截图"按钮，如下图所示。

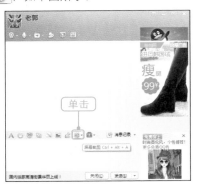

② 截取图片。

打开需要截图的窗口，在适当位置单击并拖动鼠标，选取需要截取的区域，如下图所示。

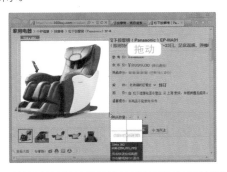

③ 在聊天窗口中显示截图。

在选取区域下方显示的工具栏中，单击"完成"按钮，如下图所示。

④ 在聊天窗口中发送截图。

回到聊天窗口，此时截取的图片已经显示在文本框中，单击"发送"按钮即可，如下图所示。

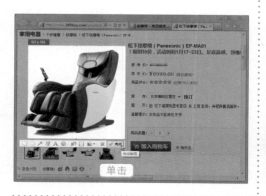

问：能否将截取的图片保存起来？

疑难解答　　**答：** 用户可将截图保存到电脑中，只需在截图工具栏中单击"保存"按钮并选择本地保存位置即可；同时，用户还可通过工具栏提供的工具对图片进行简单的编辑。

11.2.7　个性化QQ设置

QQ是一款时尚的聊天工具，喜欢追求时尚的中老年朋友可根据需要对QQ进行个性化设置，使其更符合自己的使用习惯。下面介绍QQ个性化设置的相关知识。

光盘同步文件

同步视频文件： 光盘\同步教学文件\第11章\11-2-7.mp4

① 设置QQ头像

用户在使用QQ的时候，如果想更改自己的QQ头像，可通过QQ面板进行设置，具体操作方法如下。

① **单击头像。**

在QQ主面板中单击当前头像，如下图
所示。

② **单击"更换头像"按钮。**

打开资料面板，单击头像下方的"更换
头像"按钮，如下图所示。

③ **选择本地照片。**

在"更换头像"对话框中，单击"本地
照片"按钮，如下图所示。

④ **选择要设置为头像的照片。**

在"打开"对话框中，❶选择一张图
片；❷单击"打开"按钮，如下图所示。

⑤ **设置头像效果。**

❶通过调整方格，设置头像选用范围；
❷单击"确定"按钮，如下图所示。

⑥ **完成头像更换。**

此时即完成了QQ头像的设置，如下图
所示。

Chapter 06
Chapter 07
Chapter 08
Chapter 09
Chapter 10
Chapter 11
Chapter 12
Chapter 13

② 更改QQ皮肤

QQ具有许多漂亮的面板皮肤，中老年朋友可根据需要随时更换，具体操作方法如下。

① 单击"更改外观"按钮。

在QQ主面板中单击"更改外观"按钮，如下图所示。

② 选择皮肤外观。

❶ 选择一个皮肤；❷ 单击"关闭"按钮，如下图所示。

③ 更改QQ在线状态

QQ的在线状态有"我在线上"、"Q我吧"、"离开"、"忙碌"、"请勿打扰"、"隐身"和"离线"共7种，中老年朋友可以方便地在这7种状态间切换，具体操作方法如下。

在QQ面板中，❶ 单击"在线状态"下拉三角按钮；❷ 在弹出的菜单中选择相应的状态，如单击"隐身"命令，如右图所示。

④ 修改好友备注姓名

我们知道，许多QQ用户都使用昵称，如果好友比较多，特别对中老年朋友来说，很容易混淆。QQ允许用户对好友设置备注名，这对好友较多的用户来说是非常实用的功能。为好友设置备注姓名的方法如下。

① 单击"查看资料"命令。

在QQ面板中，❶右击好友头像；❷单击"查看资料"命令，如下图所示。

② 单击"修改备注信息"按钮。

在打开的资料卡中，单击"修改备注信息"按钮🖉，如下图所示。

③ 输入新的备注名。

❶在文本框中输入新的名称；❷单击"确定"按钮，如右图所示。

Chapter 06
Chapter 07
Chapter 08
Chapter 09
Chapter 10
Chapter 11
Chapter 12
Chapter 13

Chapter 12 网上休闲娱乐与生活

 本章导读

　　中老年朋友辛苦工作了大半辈子，晚年生活应该过得丰富多彩。现在，互联网上的应用已经涉及我们生活的方方面面，通过网络，我们不仅可以在线听音乐、看电影、玩游戏；还可以在网上写博客、发微博；在生活应用方面，足不出户就能享受到各种便利的服务。本章主要介绍网上休闲娱乐和生活应用的相关知识。

 知识技能要求

　　通过本章内容的学习，读者应该学会网上休闲娱乐和生活应用的方法及相关操作。学完后需要掌握的相关技能知识如下。

❖ 熟悉网上听广播、看电视的方法
❖ 掌握网上玩休闲游戏的方法
❖ 了解QQ游戏平台的使用方法
❖ 了解使用网上论坛的方法
❖ 了解博客的使用方法
❖ 掌握微博的使用方法
❖ 了解日常生活中的网络应用

网络视听其乐无穷

许多中老年朋友都比较喜爱听戏曲、广播，现在，只要使用电脑上网，不仅可以在线听戏曲、广播，还可以在线听音乐和欣赏电影、电视节目。下面我们就为中老年朋友介绍网络视听的相关知识。

12.1.1 网上听戏曲

网上有许多专业的戏曲网站，提供在线播放戏曲的服务，中老年朋友可以打开这样的网站在线听戏。下面我们以中国京剧艺术网（http://www.jingju.com）为例进行介绍，具体操作方法如下。

光盘同步文件

同步视频文件：光盘\同步教学文件\第12章\12-1-1.mp4

① **进入戏曲网站。**

在浏览器中打开网站首页，单击"京剧唱段"链接，如下图所示。

② **选择播放的戏曲。**

在打开的戏曲列表中选择一个曲段，单击其后的"试听"按钮 🎧，如下图所示。

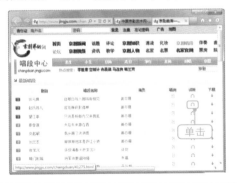

③ **播放戏曲。**

在打开的页面中，播放器开始缓冲，缓冲完毕后就可以收听了，如右图所示。

12.1.2 网上听广播

许多中老年朋友有听广播的习惯，其实在网上也能听广播，而且使用在线广播不仅可以收听本地的节目，还能收听其他地区的调频广播。为了便于收听，用户可以安装专门的在线广播软件，如龙卷风网络收音机。使用该软件收听广播的具体操作方法如下。

打开龙卷风网络收音机，❶ 在右侧列表中展开相应的选项；❷ 在电台列表中，单击相应的地方电台，即可开始播放，如右图所示。

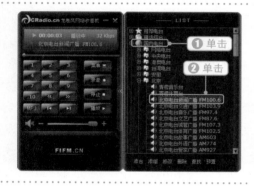

快速播放热门电台节目

知识加油站　　在龙卷风网络收音机的列表中推荐了一些比较热门的地方电台，用户直接单击相应的链接即可播放，双击其他链接可切换到相应的电台频道。

12.1.3 网上看电影

现在许多视频网站都提供了免费的影片供网友欣赏，中老年朋友在闲暇时，也可以在网上欣赏电影。下面我们以在爱奇艺网（http://www.iqiyi.com）在线看电影为例进行介绍。

光盘同步文件
同步视频文件：光盘\同步教学文件\第12章\12-1-3.mp4

① 选择电影分类。

打开爱奇艺网站，单击"电影"链接，如右图所示。

2 选择电影类型。

在电影搜索页面中选择电影的类型，如
单击"喜剧"链接，如下图所示。

3 选择要观看的影片。

在电影列表中选择要观看的电影，如下
图所示。

4 播放电影。

此时，在打开的页面中即开始播放所选
电影，如右图所示。

12.1.4 网上看电视

除了可以在网页中看电影外，还可以安装专门的在线视频播放软件来播放电视
节目。较常用的软件有PPTV、PPS影音、腾讯视频等。下面就以使用腾讯视频播放
电视节目为例，介绍其操作方法。

光盘同步文件
同步视频文件：光盘\同步教学文件\第12章\12-1-4.mp4

1 选择电视台直播节目。

打开腾讯视频软件，在主界面中单击
"直播"链接，如右图所示。

② 选择要收看的电视台。

在电视台列表中选择要收看的电视台，如下图所示。

③ 进入直播。

在打开的界面中，单击"观看直播"按钮，如下图所示。

④ 开始直播电视节目。

此时软件会自动切换至播放器模式，开始直播电视节目，如右图所示。

知识加油站　在腾讯视频中观看电视剧

在腾讯视频软件中，用户除了可以实时收看电视节目外，还可以点播热门电视剧，只需在软件主界面中单击"电视剧"链接，并在随后打开的界面中选择要播放的电视剧节目即可。

12.2 网上玩休闲游戏

中老年朋友大多离开了工作岗位，闲暇时间也逐渐多了起来，在平日无事的时候，玩一玩休闲小游戏，也是不错的消遣方式。下面介绍一些网上比较流行的游戏类型。

12.2.1 网上玩Flash小游戏

目前很多网站提供在线小游戏服务，用户可以直接在网上玩游戏。下面就以 3366小游戏网站（http://www.3366.com）为例，介绍在网站上玩游戏的方法。

 光盘同步文件

同步视频文件：光盘\同步教学文件\第12章\12-2-1.mp4

① 选择要玩的游戏。

在网站首页选择相应游戏，如单击"植物大战僵尸"链接，如下图所示。

② 激活要玩的游戏。

在打开的页面中，单击"开始游戏"按钮，如下图所示。

③ 读取游戏进度。

此时会自动载入运行游戏所需的资源，如下图所示。

④ 进入游戏。

载入游戏后，单击"CLICK TO START"按钮，如下图所示。

⑤ 选择游戏选项。

在进入游戏后，选择相应的游戏选项，如下图所示。

⑥ 在网页中玩游戏。

在游戏界面中进行游戏即可，如下图所示。

12.2.2 网上斗地主

QQ游戏是腾讯QQ提供的休闲益智类网络游戏平台，用户可以在该平台中与其他QQ用户一起游戏。下面以网上斗地主为例介绍QQ游戏平台玩游戏的方法。

光盘同步文件

同步视频文件： 光盘\同步教学文件\第12章\12-2-2.mp4

① 安装游戏包

QQ游戏平台安装后，默认是没有安装任何游戏的，只提供了游戏列表。用户第一次登录游戏大厅后，需要根据自己的需要下载并安装相应的游戏包。在QQ游戏平台安装游戏包的方法如下。

① 添加新游戏。

在QQ游戏主界面，❶单击"添加游戏"按钮；❷单击"斗地主"链接，如下图所示。

② 打开游戏。

在打开的页面中，单击"打开游戏"按钮，如下图所示。

③ 下载游戏包。

此时即会自动下载并安装游戏，如右图所示，安装完成后就可以进行游戏了。

② 进行游戏

在游戏大厅厅中安装好游戏以后，就可以进入到游戏房间参与游戏了。下面介绍进入房间玩斗地主的方法。

① 选择游戏房间。

在QQ游戏主界面单击"斗地主"按钮，单击分区下相应的房间链接，如下图所示。

② 选择游戏座位。

选择一个空座位，也可单击"快速加入游戏"按钮，让系统自动分配，如下图所示。

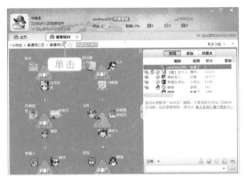

③ 开始游戏。

在打开的页面中，单击"开始"按钮，等待游戏开始，当凑够三人时，即可开始游戏了，如右图所示。

12.2.3 网上下象棋

QQ游戏中为我们提供了丰富多彩的游戏项目，例如适合中老年朋友的象棋游戏。下面介绍进入象棋房间玩象棋游戏的方法。

光盘同步文件

同步视频文件： 光盘\同步教学文件\第12章\12-2-3.mp4

1 选择象棋游戏。

进入游戏大厅，在左侧列表中单击"中国象棋"按钮，如下图所示。

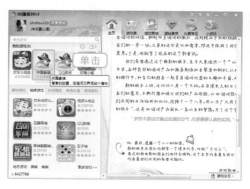

2 选择游戏房间。

❶在列表中选择游戏区；❷在房间列表中选择游戏房间，如下图所示。

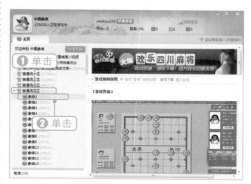

3 快速选择游戏座位。

进入游戏房间，单击"快速加入游戏"按钮，即可寻找空的位置，如下图所示。

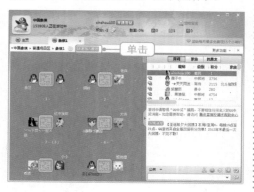

4 开始玩象棋游戏。

单击"开始"按钮，等双方都准备好后就可以开始玩象棋游戏了，如下图所示。

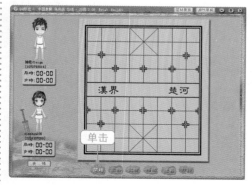

获取游戏积分

知识加油站

在QQ游戏中，每种游戏都有相应的积分，赢得胜利就会获取积分，输掉比赛就会扣除相应积分，如果中途退出，将会被惩罚性地扣除大量积分。

12.2.4 网上玩QQ农场

QQ空间提供的"QQ农场"游戏与QQ好友相关联，具有很强的互动性。用户只需开通QQ空间，在空间中添加"QQ农场"应用，就可和老朋友一起"偷菜"了，具体操作方法如下。

光盘同步文件

同步视频文件：光盘\同步教学文件\第12章\12-2-4.mp4

1 打开QQ空间。

单击QQ主面板上方头像右侧的"QQ空间"按钮，打开QQ空间，如下图所示。

2 添加新应用。

在空间主页中，单击左侧的"添加新应用"链接，如下图所示。

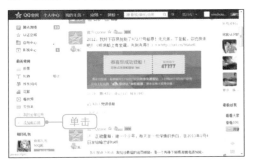

3 选择QQ农场。

❶单击"游戏"选项卡；❷在"QQ农场"应用下单击"添加"按钮，如下图所示。

4 进入QQ农场应用。

在打开的页面中，单击"进入应用"按钮，如下图所示。

Chapter 06
Chapter 07
Chapter 08
Chapter 09
Chapter 10
Chapter 11
Chapter 12
Chapter 13

⑤ 完成新手指引。

根据新手引导提示，依次单击"下一页"链接完成新手任务，如下图所示。

⑥ 开始玩QQ农场游戏。

此时就可以进行QQ农场游戏了，如下图所示。

12.3 网上论坛讨论健康养生

网上论坛是一个经久不衰的网络应用，在这里，网友可以对很多事物发表自己的意见，也可以对别人的意见进行讨论，中老年朋友还可以讨论健康养生方面的知识。下面我们就来了解一下网上论坛的使用方法。

12.3.1 注册论坛账户

下面就以最热门的天涯社区论坛（http://www.tianya.cn）为例进行讲解，首先来看看如何在天涯社区注册一个属于自己的账号，具体操作方法如下。

光盘同步文件

同步视频文件：光盘\同步教学文件\第12章\12-3-1.mp4

① 单击"免费注册"按钮。

进入天涯首页，单击"免费注册"按钮，如右图所示。

② 填写注册信息。

打开"注册天涯账号"页面，❶填写用户名、密码、邮箱、验证码等信息；❷单击"立即注册"按钮，如下图所示。

③ 进入邮箱激活账号。

进入"激活账号"页面，单击"立即进入邮箱激活账号"按钮，如下图所示。

④ 打开收件箱。

登录到相应的电子邮箱，单击"收件箱"链接，如下图所示。

⑤ 打开邮件。

收入收件箱，在邮件列表中单击来自"天涯社区"的邮件链接，如下图所示。

⑥ 单击激活链接。

打开邮件后，单击天涯给出的激活链接，如下图所示。

⑦ 完成注册。

进入"完成注册"页面，提示已经完成注册，单击"进入天涯社区"按钮即可进入天涯社区的首页，如下图所示。

Chapter 06
Chapter 07
Chapter 08
Chapter 09
Chapter 10
Chapter 11
Chapter 12
Chapter 13

12.3.2 浏览并回复帖子

在逛论坛的时候，中老年朋友可根据自己的兴趣与爱好，在不同版块浏览帖子，对于有兴趣发表意见的帖子，还可以进行回复，不仅能一抒己见，还能结识一些志同道合的网友。浏览和回复帖子的具体方法如下。

光盘同步文件

同步视频文件：光盘\同步教学文件\第12章\12-3-2.mp4

① 打开相应帖子链接。

在帖子列表中，单击要浏览的帖子的链接，如下图所示。

② 回复帖子。

浏览帖子内容后，单击"回复"链接，如下图所示。

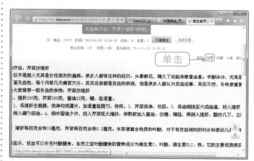

③ 输入回复内容。

❶输入要回复的内容；**❷**单击"回复"按钮，如右图所示。

12.3.3 发表帖子

中老年朋友还可自己发表帖子，将自己的经验体会分享给大家，具体操作方法如下。

光盘同步文件

同步视频文件：光盘\同步教学文件\第12章\12-3-3.mp4

① 选择分类版块。

❶ 单击进入感兴趣的版块；**❷** 单击"发帖"按钮，如下图所示。

② 进入发表帖子页面。

❶ 在编辑页面输入文字；**❷** 选择帖子类型，如选中"转载"单选按钮；**❸** 单击"发表"按钮，如下图所示。

12.4 开通博客展现老年风采

博客是一种通常由个人管理、不定期发表新文章的网站。中老年朋友既可以在上面发表和转载专业性的文章，也可以将博客当作日记，记录自己的生活。下面我们以新浪博客为例，介绍博客的使用方法。

12.4.1 开通新浪博客

中老年朋友要开通新浪博客，需要先注册一个新浪账号，具体操作方法如下。

光盘同步文件

同步视频文件：光盘\同步教学文件\第12章\12-4-1.mp4

① 进入"博客"栏目。

打开新浪网首页，单击"博客"链接，如右图所示。

② 开通新博客。

在打开的博客首页中，单击"开通新博客"按钮，如下图所示。

③ 填写注册信息。

❶输入必需的注册信息；**❷**单击"注册"按钮，如下图所示。

④ 进行验证邮箱。

提交注册后，还需要对注册邮箱进行验证，单击"点此进入QQ邮箱"按钮，如下图所示。

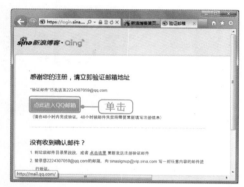

⑤ 登录邮箱。

❶输入邮箱账户和密码；**❷**单击"登录"按钮，如下图所示。

⑥ 打开验证邮件。

❶单击"收件箱"链接；**❷**单击打开新浪博客发来的邮件，如下图所示。

网上休闲娱乐与生活

⑦ 单击激活链接。

在打开的邮件正文中，单击其中的激活链接，如下图所示。

⑧ 完成用户注册。

此时即完成了博客账户的注册，单击"进入我的新浪博客"按钮，如下图所示。

12.4.2 发表博客文章

中老年朋友注册了博客后，可在自己的博客主页发表博客文章，具体操作方法如下。

光盘同步文件

同步视频文件：光盘\同步教学文件\第12章\12-4-2.mp4

① 单击"发博文"按钮。

在自己的博客主页单击"发博文"按钮，如下图所示。

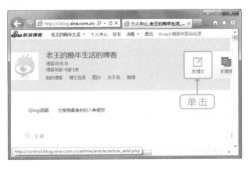

② 撰写文章。

在博客编辑页面中输入标题和正文，如下图所示。

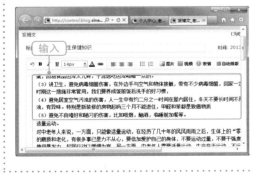

3 发表博客。

写好博客后，单击页面下方的"发博文"按钮，如右图所示。

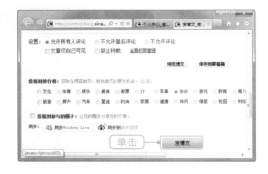

12.5 开通微博做时尚老人

现在最流行的网络应用应该算是微博了。微博与博客最大的区别在于每次只能写140字左右的文字信息，而且更加开放，互动性更强，许多中老年朋友也都开通了微博。

12.5.1 申请微博

要使用微博，首先需要在相应微博的官方网站注册账号并开通自己的微博应用。下面就以在新浪微博（http://www.weibo.com）中注册微博为例进行介绍，具体操作方法如下。

光盘同步文件

同步视频文件：光盘\同步教学文件\第12章\12-5-1.mp4

1 注册微博账号。

在浏览器中打开新浪微博首页，单击"立即注册微博"按钮，如右图所示。

② 输入相关资料。

在打开的页面中，❶ 输入邮箱地址和密码及个人信息；❷ 输入文本框右侧显示的验证码；❸ 单击"立即开通"按钮，如下图所示。

③ 输入验证答案。

在打开的验证界面中，❶ 输入问题答案；❷ 单击"确定"按钮，如下图所示。

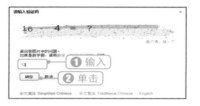

④ 进入邮箱激活。

在打开的激活邮件页面中，单击"立即查看邮箱"按钮，如下图所示。

⑤ 登录邮箱。

❶ 输入邮箱账户和邮箱密码；❷ 单击"登录"按钮，如下图所示。

⑥ 打开激活邮件。

单击打开"新浪微博"发来的邮件，如下图所示。

⑦ 单击激活链接。

在邮件正文中，单击激活链接，如下图所示。

Chapter 06
Chapter 07
Chapter 08
Chapter 09
Chapter 10
Chapter 11
Chapter 12
Chapter 13

⑧ 继续完成注册。

单击"下一步，找到朋友"按钮，如下图所示。

⑨ 微博开通成功。

在打开的页面中，单击"进入首页"按钮，如下图所示。

12.5.2 发表微博

成功完成注册后，用户就可以在自己的首页中发表微博了，微博发表后会即时显示出来。发表微博的方法非常简单，具体操作方法如下。

 光盘同步文件

同步视频文件：光盘\同步教学文件\第12章\12-5-2.mp4

登录微博后，❶在微博首页的文本框中输入要发布的文字；❷单击"发布"按钮，如右图所示。

12.5.3 评论和转发

除了可以发表自己的微博外，中老年朋友还可以评论和转发别人发布的微博，具体操作方法如下。

 光盘同步文件

同步视频文件：光盘\同步教学文件\第12章\12-5-3.mp4

① 单击"评论"链接。

每条微博右下角都有"转发"和"评论"链接，若要评论该微博，可单击"评论"链接，如下图所示。

② 输入评论内容。

在文本框中，**①** 输入评论的文字，若想转发可勾选"同时转发到我的微博"复选框；**②** 单击"评论"按钮，如下图所示。

知识加油站 — 转发微博

转发微博的方法与评论微博类似，只需单击"转发"链接，在打开的页面输入转发理由，单击"转发"按钮即可。同样，在转发微博的同时，勾选"同时评论给（作者）"复选框，也可发表评论。

12.6 其他常见网络应用

互联网给我们带来了各种各样的生活体验，中老年朋友可以在网上求医问药、求职、购物、出租房屋等。体验丰富多彩的网上生活，可以让我们的生活因网络而更加便捷。

12.6.1 网上预约门诊

网络的发展使得在网上查询生活健康资讯、了解疾病的防治方法非常方便，甚至一些医院也在网上建立了预约平台，患者可以在网上进行预约门诊，这样既可以直接找自己熟悉的医生看病，也免去了排队的麻烦。各大医院基本上都有网上预约系统，另外，也可以登录全国门诊预约挂号网进行预约。下面我们以挂号网（www. guahao.com）为例进行介绍。

光盘同步文件

同步视频文件：光盘\同步教学文件\第12章\12-6-1.mp4

Chapter 06
Chapter 07
Chapter 08
Chapter 09
Chapter 10
Chapter 11
Chapter 12
Chapter 13

① 选择所在地区。

打开挂号网首页，在"按地区查找医院"栏中，单击相应的省、市、自治区链接，如下图所示。

② 选择诊疗医院。

❶ 选择所在城市；**❷** 选择要前往的医院，如下图所示。

③ 选择科室。

在打开的页面中，单击相应的科室链接，如下图所示。

④ 查看排班表。

根据治疗专长选择预约的医生，单击"查看排班表"按钮，如下图所示。

⑤ 预约日期。

选择恰当的日期，单击"预约"链接，如下图所示。

⑥ 提交相关资料。

❶ 输入相关信息并选择相应选项；**❷** 单击"马上预约"按钮，如下图所示。

12.6.2　网上查询旅游信息

很多中老年朋友都喜欢外出旅游，在出行之前，中老年朋友可以在网上查看各个旅游景点的详细信息，如地方风俗习惯、特色景区、周边度假景区、路线等，做到心中有数。我们可以通过专业的旅游网站来查询旅游地的相关情况，下面以在途牛旅游网（http://www.tuniu.com）查看云南丽江的景点情况为例进行介绍。

光盘同步文件

同步视频文件：光盘\同步教学文件\第12章\12-6-2.mp4

① 在网站首页选择地区。

打开途牛旅游网首页，在"国内旅游攻略"栏内单击"云南"链接，如下图所示。

② 选择具体旅游地。

在打开的页面中，单击"神秘的世外桃源——丽江"链接，如下图所示。

③ 查看旅游景点情况。

此时即可查看丽江的旅游景点，单击相应的链接还可了解各景点的详细情况，如右图所示。

12.6.3　网上购物

中老年朋友腿脚不灵便，外出购物就成了麻烦事，通过互联网，我们可以不用去商场、百货公司，坐在家里也能逛街，体验到足不出户的购物乐趣。

现在面向消费者的网上购物主要有两种模式，一种是B2C，一种是C2C。

- B2C（Business-to-Customer）是"商家面向客户"的意思，这种模式由原来的顾客到实体商店购物转变到顾客到网上商店购物，其本质没有变化，只是加入了电子商务因素。目前较为著名的网上商城有京东、卓越、当当、淘宝商场等，如右图所示。

- C2C（Consumer to Consumer）是个人与个人之间的电子商务，买卖双方都是个人性质，较B2C模式灵活，价格也有优势。现在最大的C2C集散地是淘宝网。

12.6.4 网上出租房屋

在互联网上，许多黄页式或房地产网站都提供了租房信息服务。中老年朋友可以直接在网上搜索本地符合自己心理价位的房源，免去了来回奔波找房子的麻烦。如果要将房屋出租，也可以在网上发布信息，等待租房客前来咨询。现在提供房屋信息的网站，比较著名的有58同城、搜房网和赶集网等。

12.6.5 网上炒股

以前，股民只能通过电话委托或亲自去股票交易大厅进行股票交易，常常会因为占线或者时间延误失去下单机会。现在，通过网络炒股，不仅可以节省时间和精力，还不受时间和地域的限制。常用的炒股软件有同花顺、腾讯操盘手等，如右图所示。

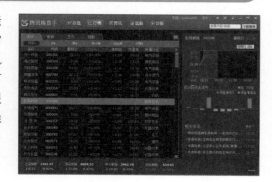

电脑安全维护与系统优化

 **本章导读**

 知识技能要求

　　用户在使用电脑时，需要定期对其进行维护与查杀毒，才能使其长期稳定地工作。中老年朋友也应掌握相关知识，以解决电脑使用中出现的问题。电脑安全保障包括病毒的防治、软件和硬件的维护与优化、系统的备份与还原等多个方法。本章就来介绍对电脑进行安全防护、系统维护与优化的方法。

　　通过本章内容的学习，读者应该学会对电脑进行安全防护、系统维护与优化的方法及相关操作。学完后需要掌握的相关技能知识如下。

❖ 了解什么是电脑病毒
❖ 了解预防病毒的措施
❖ 掌握查杀病毒的方法
❖ 掌握电脑优化的方法
❖ 掌握电脑磁盘的维护方法
❖ 掌握备份电脑资料的方法
❖ 熟悉电脑的日常维护

13.1 预防与查杀电脑病毒

电脑为我们的生活与工作带来了极大的快乐和方便，同时，电脑病毒的出现，也给电脑的正常使用带来越来越大的危害。因此，即便是中老年朋友，也需要了解预防与查杀电脑病毒相关的知识和技能。

13.1.1 认识电脑病毒

电脑病毒是一种特殊的程序，它和生物病毒一样，具有复制和传播能力。电脑病毒不是独立存在的，而是寄生在其他可执行程序中，具有很强的隐蔽性和破坏性，一旦工作环境达到病毒发作的要求，便影响电脑的正常工作，甚至使整个系统瘫痪。

① 电脑病毒的分类

下面将详细讲解电脑病毒的分类。按传染对象来分，病毒可以划分为以下几类。

- **操作系统型病毒**：这类病毒程序作为操作系统的一个模块在系统中运行，一旦激发就会工作。
- **文件型病毒**：这类病毒攻击的对象是文件，并寄生在文件上；当文件被装载时，首先运行病毒程序，然后才运行用户指定的文件。
- **网络型病毒**：网络病毒感染的对象不再局限于单一的模块和单一的可执行文件，而是更加综合、更加隐蔽，如电子邮件等。
- **复合型病毒**：复合型病毒将操作系统型病毒和文件型病毒结合在一起，这种病毒既感染文件，又感染引导区。

② 电脑病毒的特点

一般比较常见的电脑病毒具有以下5个特点。

- **危害性**：病的危害性是显然的，几乎没有一个无害的病毒。它的危害性不仅体现在破坏系统、删除或者修改数据方面，而且还要占用系统资源等。
- **传染性**：电脑病毒程序的一个特点是能够将自身的程序复制给其他程序（文件型病毒），或者放入指定的位置，如引导扇区（引导型病毒）。
- **欺骗性**：每个电脑病毒都具有特洛伊木马的特点，用欺骗手段寄生在其他文件上，一旦该文件被加载，就会发生问题。
- **潜伏性**：从被感染上电脑病毒到电脑病毒开始运行，一般是需要经过一段时间的。当满足一个指定的环境条件时，病毒程序才开始活动。

- **隐蔽性**：电脑病毒的隐蔽性使得人们不容易发现它，例如有的病毒要等到某个特定日期才发作，平时的日子并不发作。

问：什么是木马病毒？

答： "木马"是一种特殊的病毒，它一般不会破坏系统，而是盗取用户的账号、密码或执行一些隐藏操作，具有很强的危害性。

疑难解答

13.1.2 预防电脑病毒

电脑病毒就像生物病毒作用于人体一样，对电脑也具有非常大的危害，严重的甚至可以损坏硬件。那么该如何预防电脑病毒呢？用户在防范病毒时，一般就注意以下几点。

- **及时更新系统补丁**：微软公司每隔一段时间就会发布系统安全方面的补丁程序，以修补最新发现的系统漏洞，用户应及时更新。
- **安装防毒软件**：安装防毒软件可以有效防止病毒侵入，查杀电脑中的病毒，保护系统安全。
- **安全使用移动存储设备**：U盘、移动硬盘等移动存储设备为我们的工作与生活提供了很大的便利，同时也带来许多未知因素，用户在使用此类设备时，应先进行病毒扫描，防止病毒感染硬盘中的文件。
- **谨慎下载资源**：下载网络资源时，应确定下载站点为安全网站，下载后的文件也应在第一时间进行查毒。
- **谨慎接收文件**：对于陌生人发来的文件，应先确认文件是否安全，对于可执行文件，应先查杀病毒。
- **谨慎打开邮件附件**：接收邮件时，应确认附件文件的安全，不要轻易打开附件中的文件。

13.1.3 查杀病毒

防毒软件是最有效的病毒防护工具，新一代的防毒软件大都提高了易操作性，中老年朋友不需要专业的查杀毒知识，即可轻松查杀电脑中的病毒。下面我们将学习使用金山毒霸的最新版本——新毒霸2013查杀病毒的方法。

光盘同步文件

同步视频文件： 光盘\同步教学文件\第13章\13-1-3.mp4

① 打开新毒霸主界面。

❶单击任务栏的"显示隐藏的图标"按钮■；❷单击新毒霸的任务图标，如下图所示。

② 单击"一键云查杀"按钮。

在新毒霸主界面中，单击"一键云查杀"按钮，如下图所示。

③ 扫描病毒。

此时，软件将自动开始扫描系统中的文件，如下图所示。

④ 显示扫描结果。

若扫描到病毒，执行相应操作即可，若无病毒，单击"返回"按钮，如下图所示。

13.2 电脑性能的维护与优化

中老年朋友在使用电脑过程中，需要定期对电脑进行维护与优化，才能使电脑长久、健康地运行。QQ电脑管家是一款保护电脑安全、优化电脑配置的管理软件，通过它可以对电脑进行最优化设置，还可以对电脑的软硬件和网络配置进行管理。下面来学习使用电脑管家修复系统漏洞和优化系统的方法。

13.2.1 使用电脑管家修复系统漏洞

运行QQ电脑管家后，电脑管家会自动扫描系统中存在的漏洞，并弹出提示框提示用户升级，用户也可手动扫描和修复系统漏洞，具体操作方法如下。

光盘同步文件

同步视频文件：光盘\同步教学文件\第13章\13-2-1.mp4

1 扫描漏洞。

在QQ电脑管家主界面，❶单击"修复漏洞"按钮；❷勾选扫描出的系统漏洞；❸单击"立即修复"按钮，如下图所示。

2 修复完成。

修复完毕后，单击"完成"按钮，如下图所示。

13.2.2 使用电脑管家优化系统

有时，我们在打开电脑时会发现启动速度特别慢，这往往是加载了太多软件的原因。QQ电脑管家的电脑加速功能可以解决系统运行缓慢的问题，具体操作方法如下。

光盘同步文件

同步视频文件：光盘\同步教学文件\第13章\13-2-2.mp4

1 选择可优化项。

在QQ电脑管家主界面，❶单击"电脑加速"按钮；❷勾选需要优化项目相应的复选框；❸单击"立即优化"按钮，如右图所示。

② 完成优化。

优化完成后还可手动管理启动项，如单击"开机时间管理"链接，如下图所示。

③ 禁用启动项目。

选择需要清理的项目，单击"禁用"按钮，如下图所示。

④ 确认项目禁用。

在弹出的对话框中，单击"确定"按钮，如右图所示。

13.3 电脑磁盘的维护与管理

中老年朋友在对电脑进行操作时，电脑中的硬盘是最繁忙的硬件之一，所以，对磁盘的维护与管理操作是非常重要的。只有维护与管理好磁盘，才能提高磁盘的性能，保护数据的安全。

13.3.1 格式化磁盘

格式化磁盘用于将磁盘中的数据彻底删除，或者设定新的分区格式。当出现磁盘错误、电脑中毒等情况时，用户可以对磁盘分区进行格式化。需要注意的是，如果磁盘中保存了重要数据，切记不要轻易执行格式化操作，应先将重要数据另存它处。格式化磁盘的具体操作方法如下。

 光盘同步文件

同步视频文件：光盘\同步教学文件\第13章\13-3-1.mp4

① 单击"格式化"命令。

打开"计算机"窗口，**①**右击要格式化的磁盘（如E盘）；**②**在弹出的快捷菜单中单击"格式化"命令，如下图所示。

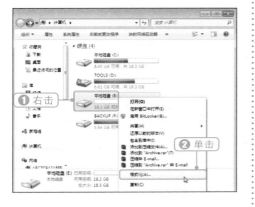

② 设置格式化磁盘。

① 在"文件系统"下拉列表中选择NTFS选项；**②**勾选"快速格式化"复选框；**③**单击"开始"按钮，如下图所示。

③ 开始格式化磁盘。

弹出"格式化 本地磁盘"对话框，单击"确定"按钮开始格式化磁盘，如下图所示。

④ 格式化磁盘完毕。

格式化完毕后，弹出提示对话框，单击"确定"按钮完成格式化，如下图所示。

13.3.2 清理磁盘临时文件

使用电脑过程中，不可避免会产生一些临时文件，这些文件会占用一定的磁盘空间，影响系统的运行速度，因此在电脑使用一段时间后，中老年朋友就应当对系统磁盘进行一次清理，将这些垃圾文件从系统中彻底删除，其具体操作方法如下。

光盘同步文件

同步视频文件：光盘\同步教学文件\第13章\13-3-2.mp4

Chapter 06
Chapter 07
Chapter 08
Chapter 09
Chapter 10
Chapter 11
Chapter 12
Chapter 13

① 打开"属性"对话框。

打开"计算机"窗口，❶鼠标指向要清理的文件后单击右键；❷在弹出的快捷菜单中单击"属性"命令，如下图所示。

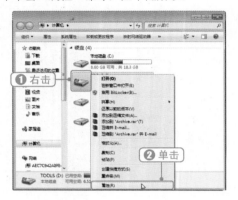

② 单击"磁盘清理"按钮。

弹出"属性"对话框，在"常规"选项卡中单击"磁盘清理"按钮，如下图所示。

③ 计算释放空间。

弹出"磁盘清理"对话框，等待系统开始计算可以在当前磁盘中释放出多少空间，如右图所示。

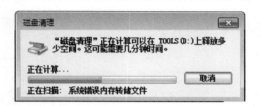

④ 选择要清理的文件类型。

❶在"要删除的文件"列表中勾选要清理的文件类型；❷单击"确定"按钮，如下图所示。

⑤ 删除磁盘上的临时文件。

在弹出的提示框中单击"删除文件"按钮，即开始清理所选的垃圾文件，清理完毕后对话框会自动关闭，如下图所示。

13.3.3 整理磁盘碎片

磁盘碎片是对磁盘进行重复读写操作造成的，过多的碎片会占用磁盘的有限空间，影响读写速度。使用磁盘碎片整理程序可以优化数据在磁盘中的存储位置，提高磁盘的读写速度和存储速度，具体操作方法如下。

 光盘同步文件

同步视频文件：光盘\同步教学文件\第13章\13-3-3.mp4

1 单击"立即进行碎片整理"按钮。

用上面的方法打开"属性"对话框，**1** 单击"工具"选项卡；**2** 单击"立即进行碎片整理"按钮，如下图所示。

2 选择要整理的磁盘。

在"磁盘碎片整理程序"对话框中，**1** 单击要整理的磁盘名称；**2** 单击"分析磁盘"按钮，如下图所示。

3 分析磁盘碎片。

开始对所选磁盘进行碎片分析，分析磁盘中文件的数量以及磁盘的使用频率，需要略作等待，如下图所示。

4 单击"磁盘碎片整理"按钮。

分析完毕后，在磁盘信息右侧显示磁盘碎片的比例，单击"磁盘碎片整理"按钮，如下图所示。

⑤ 完成磁盘碎片整理。

系统开始对磁盘进行碎片整理，用户需要等待一段时间，整理完毕后，单击"关闭"按钮即可，如右图所示。

13.4 电脑资料的备份与还原

为了保护好电脑中的重要数据，中老年朋友应定期做好数据备份工作。Windows 7提供的文件备份与还原功能，可以将电脑中的个人文件与设置进行备份，并允许用户自行选择备份内容。同时，增强的计划备份功能还能够按照用户的备份计划定期对系统进行备份，从而有效保障用户文件的安全。

13.4.1 备份与还原重要文件

其实，在刚开始使用电脑时，用户就可以对电脑中的文件进行备份了，首次备份后，以后还可根据需要追加备份，操作起来非常方便。

光盘同步文件
同步视频文件：光盘\同步教学文件\第13章\13-4-1.mp4

① 备份文件

首先我们来了解如何备份电脑中的文件，具体操作方法如下。

① 打开"备份和还原"窗口。

打开"控制面板"窗口并切换到"大图标"视图，单击"备份和还原"文字链接，如右图所示。

②单击"设置备份"链接。

在"备份和还原"窗口中，单击"设置备份"文字链接，如下图所示。

③正在启动备份。

开始启动Windows备份，用户略作等待，如下图所示。

④选择保存备份的位置。

在"设置备份"对话框中，❶在"保存备份的位置"列表中选择备份文件的保存位置；❷单击"下一步"按钮，如下图所示。

⑤选择希望备份的内容。

在"您希望备份哪些内容"对话框中，❶选中"让我选择"单选按钮；❷单击"下一步"按钮，如下图所示。

⑥选择要备份的内容。

❶手动选择要备份的内容；❷选择后单击"下一步"按钮，如右图所示。

⑦ **单击"更改计划"链接。**

单击"计划"区域中的"更改计划"文字链接，如下图所示。

⑧ **设置自动备份的频率。**

❶ 设置自动备份的频率；❷ 单击"确定"按钮，如下图所示。

⑨ **正在备份设置。**

返回"查看备份设置"对话框后，单击"保存设置并退出"按钮，系统开始保存备份设置，如下图所示。

⑩ **显示备份进度。**

返回到"备份和还原"窗口，并开始对系统设置与文件进行备份，同时显示备份进度，如下图所示。

⑪ **备份完成。**

备份完成后，会显示当前备份时间与下一次自动备份时间，以后也可以单击"立即备份"按钮进行手动备份，如右图所示。

Chapter 06
Chapter 07
Chapter 08
Chapter 09
Chapter 10
Chapter 11
Chapter 12
Chapter 13

② 恢复文件

文件或系统备份后，以后一旦出现设置故障或文件丢失，就可以通过备份内容来快速恢复了，具体操作方法如下。

① 打开"还原文件"对话框。

打开"备份和还原"窗口，单击"还原我的文件"按钮，如下图所示。

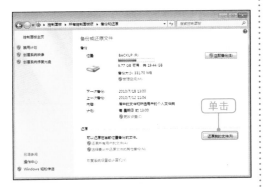

② 单击"浏览文件夹"按钮。

在"还原文件"对话框中，单击"浏览文件夹"按钮，如下图所示。

③ 选择之前的备份文件夹。

❶选择之前的备份文件夹；❷单击"添加文件夹"按钮，如下图所示。

④ 显示备份的目录。

此时对话框中即显示要用来还原的备份目录，单击"下一步"按钮，如下图所示。

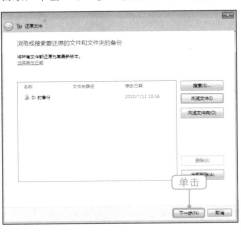

⑤ 选择还原位置。

❶选中 "在原始位置"单选按钮；❷
单击"还原"按钮，如下图所示。

⑥ 开始还原文件。

开始从备份目录中还原文件与设置，耐
心等待即可，如下图所示。

⑦ 提示文件还原完成。

还原完毕后，在打开的"还原文件"对
话框中告知用户还原完成，单击"完成"按
钮，如下图所示。

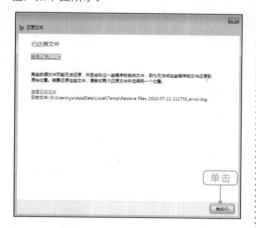

⑧ 查看还原的文件。

若要查看还原的文件，可单击"查看还
原的文件"文字链接，在打开的窗口中将显
示所有还原的文件与文件夹，如下图所示。

其他备份和还原软件

知识加油站

除了可以用Windows 7自带的备份和还原功能外，Symantec公司提供的
Ghost软件也是一款专业且非常实用的系统备份和还原软件。

13.4.2 使用系统还原功能备份和还原系统

除了可以备份重要文件外，我们还可以对整个系统进行备份，对系统进行备份后可以进行系统还原。每次对系统进行备份时，都会创建一个还原点，我们可以使用还原点将电脑的系统文件还原到较早的时间点。

光盘同步文件

同步视频文件：光盘\同步教学文件\第13章\13-4-2.mp4

1 创建还原点

系统还原会自动为系统创建还原点，但这些还原点记录的系统文件存储状态有时并不是我们需要的，我们可以选择手动创建还原点。创建还原点的具体操作方法如下。

① 打开"系统"窗口。

❶鼠标指向桌面的"计算机"图标后单击右键；❷在弹出的快捷菜单中单击"属性"命令，如下图所示。

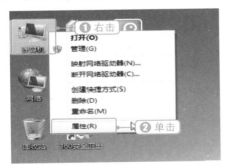

② 打开"系统属性"对话框。

打开"系统"窗口，在窗口的左侧窗格中，单击"系统保护"链接，如下图所示。

③ 打开"系统保护本地磁盘"对话框。

弹出"系统属性"对话框，❶在"系统保护"选项卡的"保护设置"列表中单击要设置系统保护的磁盘名称；❷单击"配置"按钮，如右图所示。

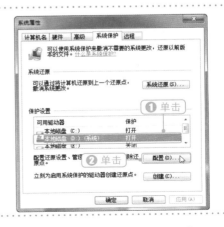

④ 设置还原选项。

弹出"系统保护本地磁盘"对话框，❶
选中"还原系统设置和以前版本的文件"单
选按钮；❷ 拖动下面的滑块调节磁盘使用
量；❸ 单击"确定"按钮，如下图所示。

⑤ 打开"系统保护"对话框。

返回"系统属性"对话框，❶ 在"保护
设置"列表中单击创建还原点的磁盘名称；
❷ 单击"创建"按钮，如下图所示。

⑥ 输入对还原点的描述信息。

弹出"系统保护"对话框，❶ 在文本框
中输入对还原点的描述，例如输入日期；❷
单击"创建"按钮，如下图所示。

⑦ 开始创建还原点。

系统开始创建还原点，需要等待一段时
间，如下图所示。

⑧ 还原点创建完成。

等待一段时间后弹出提示框，提示已
成功创建还原点，单击"关闭"按钮完成创
建，如右图所示。

② 使用还原点还原系统

为系统创建还原点后，如果系统受到恶意更改或系统文件被破坏，用户可以通
过还原点还原到原来的系统状态，具体操作方法如下。

① 单击"系统还原"按钮。

打开"系统属性"对话框，在"系统保护"选项卡中，单击"系统还原"按钮。

② 打开"系统还原"向导。

弹出"系统还原"对话框，单击"下一步"按钮，如下图所示。

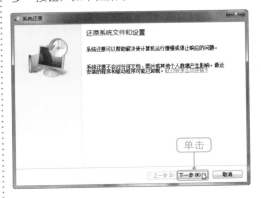

③ 选择还原点。

❶ 在下方的列表中选择还原点；❷ 单击"下一步"按钮，如下图所示。

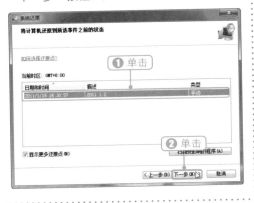

④ 核对还原点信息。

进入"确认还原点"界面，如果核对信息无误，单击"完成"按钮，如下图所示。

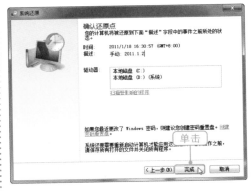

⑤ 继续还原。

弹出提示框，询问是否继续还原，单击"是"按钮，如下图所示。

⑥ 还原系统。

系统开始准备还原系统，需要等待一段时间，如下图所示。

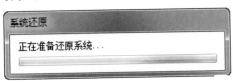

正确完成还原并关闭对话框

在还原过程中，系统将会自动关闭未关闭的程序，并重新启动电脑。经过一段时间的还原过程，系统就还原成功，重新启动电脑后，将会弹出"系统还原已成功完成"提示框，单击"关闭"按钮关闭对话框即可完成还原操作。

13.5 电脑的日常维护与常见故障排除

我们这里所说的电脑日常维护主要是从硬件方面阐述的，通过对电脑的工作环境进行有效控制，加上对电脑定期清洁，达到让电脑长期保持较佳工作状态的目的。

13.5.1 电脑硬件的日常维护

电脑在长期运转后，不可避免地会堆积许多灰尘，尤其是机箱内，受到散热风扇的影响，总是会出现大量灰尘。定期对其进行清理，可有效延长电脑的使用寿命，避免电脑经常出现故障。

① 维护机箱

彻底地清理机箱需要把主板、电源等配件全部都拆下，然后用"皮老虎"和毛刷将机箱内部的灰尘打扫干净。需要注意的是，机箱的一些死角（如前面板）拆下后，暴露出来的进风口等部位也需要重点清洁。

② 维护CPU风扇及散热片

首先用毛刷和"皮老虎"打扫散热风扇；然后，因为散热片的沟槽中聚集的灰尘很难清洁，可以用纸巾包在钥匙上，再将钥匙推进散热片的槽中擦拭；最后，CPU风扇使用的时间长了，转速就会变慢，噪声也会增大，我们可以给CPU风扇里加一点润滑油。

③ 维护主板

用毛刷轻轻除去各部分的积尘，然后用小毛刷细细刷去北桥散热器、CPU供电部分的污垢。其他如芯片组附近，一些细小的插孔，则可以使用"皮老虎"将灰尘吹出。对于主板上的插槽，可先用毛刷刷掉上面的灰尘，毛刷够不到的地方，可以使用"皮老虎"把灰尘吹出来。

④ **维护电源**

清洁电源外壳时，首先用毛刷刷去风扇的叶片和其他通风口的尘土，用电吹风对着与风扇相对的通风口吹几下。在除尘后，有经验的用户可以酌情考虑打开电源外壳进行清理，用毛刷和"皮老虎"清洁电源内部元件，切忌用力过大，导致贴片元件脱落。

⑤ **维护键盘和鼠标**

在清洁键盘时，可以先将键盘表面的灰尘及杂物用毛刷轻扫一遍。接下来，用抹布蘸少许清洁液或者用水与洗洁精调制的液体，将键盘表面和键帽轻轻擦拭、晾干。

经过以上简单清理之后，如果对键盘的卫生状况还是不满意，可以将键盘翻转，正面朝下轻磕，把键盘内隐藏的一些小杂物清理出来，然后用棉签蘸少许清洁液，将每颗键帽周围的缝隙全面擦拭一遍。

⑥ **维护显示器**

显示器的清洁分为两个部分：清洁显示器外壳和清洁显示屏。清洁显示器外壳时要确保切断电源，并切忌使用能够滴水的布或海绵，尤其是擦拭上方散热孔时，最好使用干布，以防意外。

> **电脑维护的周期**
>
> 知识加油站　对于电脑的维护操作，有些维护较为简单，操作起来也比较方便，可经常进行；有些需要打开机箱或外壳的操作维护起来不太方便，可每半年进行一次。

13.5.2 常见电脑故障原因与排除方法

电脑在使用过程中，不可避免地会出现各种各样的问题或故障，了解和掌握电脑故障的发生原因，将有助于用户更加快速、准确地判断电脑故障。下面就来了解一下电脑故障产生的原因和常用的故障分析方法。

① **常见电脑故障与产生原因**

一般来说，电脑故障产生的原因多种多样，主要有以下10种原因。

（1）操作不当：由于误删除文件或非法关机等不当操作，造成电脑程序无法运行或电脑无法启动，修复此类故障只要将删除或损坏的文件恢复即可。

（2）感染病毒：病毒通常会造成电脑运行速度慢、死机、蓝屏、无法启动系统、系统文件丢失或损坏等，修复此类故障需要先杀毒，再将被破坏的文件恢复。

（3）应用程序损坏或文件丢失：修复此类故障只要先卸载应用程序，然后重新安装应用程序即可。

（4）应用程序与操作系统不兼容：修复此类故障通常需要将不兼容的软件卸载。

（5）系统配置错误：由于修改了操作系统中的系统设置选项，导致系统无法正常运行，修复此类故障只要将修改过的系统参数恢复即可。

（6）电源工作异常：电源供电电压不足或电源功率较低或不供电，通常会造成无法开机、电脑不断重启等故障，修复此类故障一般需要更换电源。

（7）连线与接口接触不良：修复此类故障通常只要将连线与接口重新连接好即可。

（8）跳线设置错误：由于调整了设备的跳线开关，使设备的工作参数发生改变，从而使设备无法正常工作的故障。修复此类故障只要重新设置路线即可。

（9）硬件不兼容：硬件不兼容一般会造成电脑无法启动、死机或蓝屏等故障，修复此类故障通常需要更换配件。

（10）配件质量问题：配件质量有问题通常会造成电脑无法开机或无法启动，或某个配件不工作等故障，修复此类故障一般需要更换出故障的配件。

② 电脑故障维修的基本原则

了解了电脑故障产生的原因后，要排除故障，还需要掌握维修的基本原则，以便找出故障所在位置后，合理有效地排除与解决故障。

（1）注意安全

在开始维修前，要做好安全措施。电脑需要接通电源才能运行，因此在拆机检修时，要记得检查电源是否切断。另外，静电的预防与绝缘也很重要，所以要做好安全防范措施，不但保障了硬件设备的安全，同时也保护了自身的安全。

（2）先假后真

"先假后真"是指先确定系统是否真有故障，操作过程是否正确，连线是否可靠。排除假故障的可能后，再考虑真故障。

（3）先软后硬

"先软后硬"是指当我们的电脑发生故障时，应该先从软件和操作系统来分析原因，排除软件方面的原因后，再开始检查硬件的故障。一定不要一开始就盲目地拆卸硬件，避免做无用功。

（4）先外后内

"先外后内"是指在电脑出现故障时，要遵循先外设再主机，从大到小逐步查找的原则，逐步找出故障点，同时应该根据系统给出的错误提示来进行检修。

③ 电脑故障的常用分析和解决方法

电脑出现故障的现象虽然千奇百怪，解决方法也各有不同，但从原理上来讲还是有规律可循的。下面就来介绍分析电脑故障的一些常用方法。

（1）直接观察法

直接观察法包括看、听、闻、摸4种故障检测方法。

- **看**："看"是指观察系统板卡的插头、插座是否歪斜，电阻、电容引脚是否相碰，还要查看是否有异物掉进主板的元器件之间（造成短路），也可以检查板上是否有烧焦变色的地方，印刷电路板上的走线（铜箔）是否断裂等。

- **听**："听"可以及时发现一些事故隐患并有助于在事故发生时及时采取措施，比如听电源、风扇、硬盘、显示器等设备的工作声音是否正常。另外，系统发生短路故障时常常伴随着异样的声响。

- **闻**："闻"是闻主机、板卡是否有烧焦的气味，便于发现故障和确定短路所在。

- **摸**："摸"是用手按压硬件芯片，看芯片是否松动或接触不良。另外，在系统运行时用手触摸或靠近CPU、显示器、硬盘等设备的外壳，根据其温度可以判断设备运行是否正常。如果设备温度过高，则有损坏的可能。

（2）清洁法

清洁法主要是针对使用环境较差或使用较长时间的电脑，我们应注意对一些主要配件和插槽先进行清洁，这样往往会获得意想不到的效果。

（3）最小系统法

最小系统法是指从维修判断的角度能使电脑开机或运行的最基本的硬件和软件环境。最小系统有下面两种形式。

- **硬件最小系统**：由电源、主板和CPU组成。在这个系统中，没有任何信号线的连接，只有电源到主板的电源连接，通过主板警告声音来判断硬件的核心组成部分能否正常工作。

- **软件最小系统**：由电源、主板、CPU、内存、显卡、显示器、键盘和硬盘组成，这个最小系统主要用来判断系统能否完成正常的启动与运行。

问：使用最小系统法查找故障的顺序是什么？

疑难解答

答：拔插板卡和设备的基本要求是保留系统工作的最小配置，以便缩小故障的范围。通常应首先安装主板、内存、CPU、电源，然后开机检测。如果正常，再加上键盘、显卡和显示器。如果正常，再依次加装光驱、硬盘、扩展卡等；拔去板卡和设备的顺序正好相反。拔下的板卡和设备的连接插头还要进行清洁处理，以排除因接触不良引起的故障。

（4）插拔法

插拔法的原理是通过插拔板卡观察电脑的运行状态来判断故障所在。使用插拔法还可以解决一些芯片、板卡与插槽接触不良所造成的故障。

（5）替换法

替换法是指将无故障的型号相同、功能相同的部件相互交换，根据故障现象的变化情况判断故障所在，这种方法多用于易插拔的维修环境，如内存自检出错。如

Chapter 06
Chapter 07
Chapter 08
Chapter 09
Chapter 10
Chapter 11
Chapter 12
Chapter 13

果替换某部件后故障消失，则表示被替换的部件有问题。

（6）比较法

比较法是同时运行两台或多台相同或类似的电脑，根据正常运行的电脑与出现故障的电脑在执行相同操作时的不同表现，可以初步判断故障产生的部位。

（7）振动敲击法

振动敲击法是用手指轻轻敲击机箱外壳，有可能解决因接触不良或虚焊造成的故障问题，然后再进一步检查故障点的位置。

（8）升温/降温法

升温/降温法采用的是故障触发原理，以制造故障出现的条件来促使故障频繁出现，以观察和判断故障所在的位置。

通过人为升高电脑运行环境的温度，可以检验电脑各部件（尤其是CPU）的耐高温情况，从而及早发现故障隐患。

人为降低电脑运行环境的温度后，如果电脑的故障出现率大为减少，说明故障出在高温或不耐高温的部件中。此法可以帮助缩小故障诊断范围。